蜜秘

從一隻蜜蜂走到一滴蜂蜜的故事

葉采糖
曾心怡(花花老師)
著

目錄

推薦序 邱勝博 / 林禹彤 / 許齡文 / 蔡蕙玲　　　5
作者序　　　8

Chapter 01 蜜蜂帶來的禮物

一窺古文明的蜂蜜傳說……　　　12
蜂蜜的藥用價值與傳奇功效　　　16

Chapter 02 蜜蜂 VS. 蜂蜜

蜜蜂的種類、肢體語言　　　20

Chapter 03 不只是蜂蜜……

花粉：完全營養食品　　　28
蜂王乳：女王蜂背後的秘密……　　　35
蜂子粉：動物界的綠色奇蹟　　　42
蜂膠：最佳的天然抗生素　　　48
蜂蠟：大自然的黃金守護者　　　53
蜂蜜之於生活的妙用　　　59

Chapter 04 蜂蜜入菜，四季當季料理

利用蜂蜜來釀製酵素　　　70

初春—苦楝蜜　　　76

❶ 苦楝蜜草莓酵素　　　78
❷ 苦楝蜜草莓檸檬飲　　　78
❸ 苦楝蜜嫩豆苗綠拿鐵　　　78
❹ 苦楝蜜甜豆涼拌　　　78
❺ 蜂蜜柑橘烤雞佐蘆筍　　　79
❻ 蜂蜜草莓巴斯克乳酪蛋糕　　　80
（Honey-Strawberry Basque Cheesecake）

春末—荔枝蜜　82
❶ 荔枝蜜鳳梨酵素　84
❷ 荔枝蜜鳳梨、百香果冰沙　84
❸ 荔枝蜜青花菜綠拿鐵　84
❹ 荔枝蜜黃瓜涼拌　84
❺ 蜂蜜味噌鮭魚佐春筍　85
❻ 蜂蜜鳳梨司康（Honey-Pineapple Scones）　86

初夏—龍眼蜜　88
❶ 龍眼蜜蔬果酵素　90
❷ 龍眼蜜薄荷檸檬飲　90
❸ 龍眼蜜苦瓜綠拿鐵　90
❹ 龍眼蜜絲瓜涼拌　90
❺ 蜂蜜檸檬烤蝦佐絲瓜　91
❻ 蜂蜜百香果磅蛋糕　92
　（Honey-Passion FruitPound Cake）

夏末—烏臼蜜　94
❶ 烏臼蜜香水檸檬酵素　96
❷ 烏臼蜜檸檬氣泡飲　96
❸ 烏臼蜜青花菜綠拿鐵　96
❹ 烏臼蜜四季豆涼拌　96
❺ 蜂蜜醬燒雞腿排佐蜂蜜烤茄子　97
❻ 烏臼蜜巴伐利亞蛋糕　98
　（Honey-Bavarian Cream Cake）

初秋—紅柴蜜　100
❶ 紅柴蜜葡萄酵素　102
❷ 紅柴蜜南瓜綠拿鐵　102
❸ 紅柴蜜涼拌花椰菜　102
❹ 蜂蜜栗子燉豬肋排　103
❺ 蜂蜜葡萄塔（Honey-CustardGrape Tart）　104

目錄

秋末—野蜂蜜 　　　　　　　　　　　　　106
1. 野蜂蜜蘋果酵素　　　　　　　　　　108
2. 野蜂蜜蘋果飲　　　　　　　　　　　108
3. 野蜂蜜菠菜綠拿鐵　　　　　　　　　108
4. 野蜂蜜涼拌蓮藕　　　　　　　　　　108
5. 蜂蜜南瓜燉雞　　　　　　　　　　　109
6. 蜂蜜蘋果肉桂捲（Honey-Apple CinnamonRolls）　110

入冬—咸豐草蜜 　　　　　　　　　　　　112
1. 咸豐草柑橘酵素　　　　　　　　　　114
2. 咸豐草蜜薑蓮藕飲　　　　　　　　　114
3. 咸豐草蜜芹菜綠拿鐵　　　　　　　　114
4. 咸豐草蜜白蘿蔔涼拌　　　　　　　　114
5. 蜂蜜薑燒鴨胸佐芥藍　　　　　　　　114
6. 蜂蜜柑橘磅蛋糕（Honey-Citrus PoundCake）　116

冬末—鴨掌木蜜 　　　　　　　　　　　　118
1. 鴨掌木奇異果酵素　　　　　　　　　120
2. 鴨掌木蜜紅棗枸杞飲　　　　　　　　120
3. 鴨掌木山藥香蕉生菜綠拿鐵　　　　　120
4. 鴨掌木蜜涼拌大白菜　　　　　　　　120
5. 蜂蜜紅酒燉牛肉　　　　　　　　　　121
6. 蜂蜜奇異果全麥鬆餅　　　　　　　　122
　（Honey-Kiwi WholeWheat Pancakes）

推薦序 1　善用天然食材，落實減糖生活

　　幾年前在一個減糖瘦身料理的節目中認識了喜歡美食、旅遊及熱愛生活的花花老師，而作為一位新陳代謝科的專科醫師，我也提倡健康飲食與減糖生活，因此也常被問及如何在維持健康的前提下享受美味？這本由花花老師與傳承百年蜂華的采糖執行長共同著作的《蜜秘：從一隻蜜蜂走到一滴蜂蜜的故事》，正好解答了這個大家共同的疑問。

　　蜂蜜是一種獨特且歷史悠久的天然食品，伴隨人類文明發展，可說是最古老的天然甜味來源之一。不同於精製糖，蜂蜜蘊含豐富的維生素、礦物質、天然酵素與多種抗氧化物，不僅能提供能量，更有助於調節身體機能，其營養複合性遠勝於單純精製糖，適量攝取能為身體帶來多重益處。蜂蜜能在日常飲食中扮演促進健康的重要角色，不論是用於醬料、湯品、甜點，或是簡單取代日常精製糖，都能兼顧美味與健康。

　　本書特別值得推薦之處，在於詳實介紹蜂蜜與蜂花粉、蜂王乳、蜂膠、蜂蠟等各項蜂產品的營養價值與科學研究結果。另外，書中不僅呈現蜂蜜與蜂產品的營養組成，還特別精心介紹了多種蜂蜜入菜的四季當季料理，呼應了減糖生活的實踐理念！這對於現代普遍高糖、高油飲食造成的健康挑戰，提供了實際可行的改善方向。

　　誠摯推薦這本由減糖料理專家花花老師聯手百年老店「泉發蜂蜜」采糖執行長所共同撰寫的作品，相信本書能幫助大家正確認識蜂蜜，善用天然食材，落實減糖生活，促進長遠的健康。

邱勝博 院長　新陳代謝減重名醫

推薦序2　了解蜂蜜健康、美味的必讀佳作

　　蜂蜜以其自然甜美和營養價值深受喜愛，花花老師從科學角度解析蜂蜜的功效，例如舒緩喉嚨不適、提供抗氧化保護，以及作為低升糖指數的甜味替代劑⋯⋯。

　　此外並結合創意食譜，展現蜂蜜在烹飪中的多樣性，書中理性強調適量攝取的重要性，是了解蜂蜜健康與美味的必讀佳作。

林禹彤　台北享新代診所營養師

推薦序3　兼具美味、營養概念的飲食指南

　　《蜜秘》這本書運用輕鬆易懂的方式，詳細介紹如何將蜂蜜運用在各種料理中，此外更依照四季搭配不同食材，讓蜂蜜養生之術與日常飲食畫上等號。

　　作者透過蜂蜜產品，結合蔬果、海鮮、甜點的實用做法，不只增添風味，也提到了像是抗氧化、膠原蛋白生成、腸胃保養等健康面向的議題，確實是一本兼具美味和營養概念的飲食指南。

許齡文　台北享新代診所營養師

推薦序 4　一滴蜂蜜的重量，是時間與愛的累積

在我們推崇天然無添加、回歸食物原味的這個年代，蜂蜜，這滴來自大自然最純粹的禮物，正悄悄地在現代人心中，再度發光發熱。《蜜秘：從一隻蜜蜂走到一滴蜂蜜的故事》就是一本既深入卻也溫柔的作品，為大家細細講述蜂蜜從蜜蜂走到餐桌上的美麗歷程。

我深深感受到，這不只是一本講蜂蜜的書，更是一場關於生命、大自然與健康的感性對話。

采糖老師，身為蜂蜜世家的第三代傳人，從養蜂人的角度出發，分享蜂蜜與花粉、蜂王乳背後的專業與堅持；再透過花花老師親手設計的蜂蜜食譜，讓我們看到蜂蜜在生活料理中的無限可能，也體現出她多年對料理與健康食材的用心實踐。她們一內一外，一甜一實，共同譜出這本書的深度與溫度。

作為瑞士鍋具品牌「瑞康屋」的創辦人，我堅持「不亂加調味料，只吃食物真實的美味」，這本書正與我們的理念不謀而合。蜂蜜是最好的天然風味，也是最樸實的健康養分！讀完這本書，您會明白，每一匙蜂蜜的背後，就是六萬多次蜜蜂飛行後的努力成果，這既是一座蜂巢的勤勞，更是大自然與人類的協作。

我誠摯推薦這本書給所有關心食物、熱愛生活、珍惜自然的人。你會在書中找到知識、靈感與感動，更能重新理解，什麼叫「吃得安心，活得健康」。

蔡蕙玲 瑞康屋創辦人

作者序 1　一場土地、生命與善意循環的對話

蜂蜜，是台灣每一年的風土日記。

它記下風的流向、雨的節奏，也蘊藏著那一年花開的氣味—不是複製的甜，而是土地寫給季節的詩行。

我常說，泉發蜂蜜不是在「製造蜂蜜」，我們是自然的翻譯者，是風、花與蜜蜂之間的傳聲筒。這不只是因為我們從源頭養蜂、走遍山林，只為尋一處潔淨無汙的環境；也不只是因為我們堅持不加糖、不混蜜、不高溫殺酵素，而是因為我們看見了—

一滴蜂蜜，凝結著千百隻蜜蜂從 1,500 朵花中辛勤汲取的時間，是自然與生命共同編織的成果。

泉發創立於 1919 年，是台灣最早開啟專業養蜂的品牌之一。長輩們，在沒有「氣候變遷」這個詞的年代，就已懂得傾聽天光、尊重萬物、與蜜蜂共生。這樣的價值，透過一代代的傳承，也成為了我今天最深的信念。

每天一杯蜂蜜水，看似簡單，卻是我們從小守下來的一個信仰。蜂蜜裡的天然酵素、抗氧化物質、寡糖與植物外泌體，能調節體質、穩定免疫、幫助代謝，甚至促進傷口癒合、減緩疲勞。

我始終相信，身體的健康不只是醫學的議題，更是與自然好好生活的結果。因此，這本書不是商業故事，它是關於「選擇」的紀錄。選擇保留蜂蜜的原萃活性、不過度加工；選擇尊重每一個來自自然的副產物，讓蜂蠟、蜂房、甚至生產過程的邊角料，都有機會變成新的產品、新的祝福。

在泉發，我們做到了製程零廢棄。因為我們相信，當自然如此慷慨，我們沒有浪費的權利；我也始終相信，「利他共好」不是一個溫吞的理想，而是企業存在的答案。

蜜蜂從不為自己探蜜，牠們採的是整個蜂群的未來。這是我蹲在蜂箱旁學到的第一堂課，也是我選擇接下這個品牌時，最想守住的初心。

　　這本書記錄泉發百年的風味地圖，也是泉發百年蜜逕的心路歷程。從學會辨識哪隻工蜂今天比較早起，到與農民、科學家並肩合作推動蜜源復育、ESG、碳足跡管理……，我們試著讓這份土地的溫柔，在這個變動的世界裡被看見。

　　「低調奢華」是我對泉發的定義：不炫耀、不喧囂，卻以極致的純淨，呈現土地最細膩的滋味。

　　這是蜜蜂的語言，也是台灣的氣質。

　　謝謝您願意翻開這本書。

　　願我們每個人，都能重新看見一滴蜂蜜的重量—那是自然的智慧，也是人心的善意。

　　在這一滴之中，我們練習慢下來，也學會把世界的甜，留給彼此。

葉采糖

作者序 2　珍惜這片土地，善待自己的身體

當我第一次接觸蜂蜜的世界，彷彿推開了一扇通往大自然奇蹟的大門。這一切的起點，要感謝采糖——一位對養蜂充滿熱情的朋友。她的堅持與用心，帶我走進了蜜蜂的微觀世界，讓我看見一滴蜂蜜背後的無數辛勤：蜜蜂振翅飛越 1,500 朵花，才凝結成 1 公克的甜美精華；蜂王乳、蜂花粉、蜂膠……，每一種蜂產品都蘊含著生命的能量與智慧。

那是大自然對人類的慷慨饋贈，也是采糖對這片土地的深情守護。她的故事深深感動了我，我知道，這些用心必須被記錄下來，化成一本書，分享給更多的人。

這本書的誕生，是對蜂蜜的敬畏，也是對健康生活的追求。現代生活中，精緻糖的過度使用，讓我們的身體負擔變得沉重，而蜂蜜以其天然的甜美與營養，成為一條溫和的替代路徑。我開始用蜂蜜取代糖，探索它在料理中的無限可能。從清晨的蜂蜜燕麥粥到夜晚的蜂蜜烤雞，每一道菜都是對自然的致敬，也是一場味蕾與健康的饗宴。在烹調的過程中，我感受到蜂蜜不僅是食材，更是蜜蜂與花朵間的深情對話，是大自然對我們的溫柔叮嚀：珍惜這片土地，善待自己的身體。

這本書不僅是一本食譜集，更是我對采糖的感謝，對自然的感恩，以及對健康生活的承諾。每道菜背後，都是對永續生活的期許，也是對蜜蜂辛勤勞作的致敬。我希望，當您翻開這本書，嘗試這些蜂蜜料理時，都能感受到采糖的熱情、蜜蜂的奉獻，以及大自然的恩典。願每一口蜂蜜的甜美，都成為您對自己身體的溫暖禮物，也提醒我們在忙碌生活中停下腳步，感恩這片土地的慷慨。

這本書獻給每一位熱愛料理、追求健康的人。願您在烹飪的香氣中，找到屬於自己的幸福滋味，與我一起，用蜂蜜為生活譜寫一首甜美的讚歌。

曾心怡（花花老師）

Chapter
01

蜜蜂帶來的禮物

蜂蜜作為人類歷史上最古老的甜味劑之一，其重要性與使用可追溯至史前時代，貫穿了整個人類文明的發展過程。

從考古遺跡、古代文獻到現代科學研究，我們得以更全面地了解蜂蜜的起源、用途及其文化價值。

一窺古文明的蜂蜜傳說……

人類使用蜂蜜的時間，可以追溯至約西元九千年前的中石器時代。在西班牙瓦倫西亞（Valencia）的一幅名為〈採蜜人〉的壁畫中，描繪了人類冒險從懸崖上的蜂巢採集蜂蜜的場景[1]，顯示了蜂蜜在史前時代的重要性。這個研究結果證實了人類很早便認識到蜂蜜的營養價值，並且願意為此冒險收集。

許多考古證據更顯示，新石器時代的人類已開始利用蜂蠟和蜂蜜，並且可能已經掌握初步的養蜂技術。例如在歐洲各地和土耳其安納托利亞地區（Anatolia），距今四千年前至九千年前的陶器中，便已發現了蜂蠟殘留痕跡，在在顯示蜂蜜已被人類納入日常生活當中。

在古埃及，蜂蜜不僅是食品，也是宗教祭祀與醫療的重要材料。埃及人將蜂蜜視為神賜的禮物，用於祭祀與治療疾病。古埃及壁畫和文獻中多次記錄蜂蜜的生產與用途。1913年，考古學家在某座金字塔內發現了一罐保存三千三百年的蜂蜜，至今仍可食用，證明了蜂蜜的確具有極佳的防腐性。

古希臘人則稱蜂蜜為「眾神的甘露」，普遍用於食品、宗教祭祀和醫療項目中。古希臘哲學家亞里士多德在其著作《動物誌》（History of Animals）一書中，詳細記錄了蜜蜂的行為與蜂蜜如何生成。古羅馬人則將蜂蜜廣泛應用於製作甜點和釀造蜂蜜酒當中，並且更將其活用在醫藥領域，以蜂蜜做為藥材，用於治療傷口和解決腸胃道消化問題。

在中國，蜂蜜的使用歷史同樣悠久。中國老祖宗們同

完美六角形的蜂巢,堪稱是大自然的鬼斧神工。

樣將蜂蜜視為珍貴的食材和藥材。例如《神農本草經》中便有記載,蜂蜜「治邪氣,安五臟諸不足,益氣補中、止痛解毒、除百病、和百藥,久服強志輕身,不老延年」。而《詩經》則記載了古人如何採集蜂蜜,另外像是醫藥典籍《本草綱目》,則是詳述其藥用價值,包括潤肺止咳、解毒消炎等功效,無不備載。除此之外,中國更是最早已有記錄,利用蜂蜜釀酒的國家之一,早在西周時期便有蜂蜜酒的記載。而在《三國志》中,更有一段記載袁術因無法獲得蜂蜜而憤懣致死的故事。上述種種均反映了蜂蜜在中國早期已被當作日常飲品,並且是極為珍貴的。

不只如此,蜂蜜在美洲古文明中,同樣擁有不容小覷的地位。例如馬雅文明對蜂蜜的使用便十分普遍。馬雅人以蜂蜜為食,同時融入宗教與文化之中。他們崇拜「蜜蜂之神」Ah-Muzenkab,認為蜂蜜是神靈的

埃及早年（1479～1425B.C）就有使用蜂蜜的紀錄。

饋贈，能讓人們常保精力充沛，蜂蜜因此也成為馬雅人的日常飲品與常備藥物。馬雅人甚至掌握了高超的養蜂技術，處處可顯示出蜂蜜在美洲文明中的重要地位。

　　蜂蜜在多種文化中具有象徵意義。在古希臘神話中，蜂蜜代表永生；在印度的阿育吠陀醫學中，蜂蜜則被視為是一種神聖食物，能夠平衡人體能量；至於在猶太文化中，蜂蜜更象徵著新年的甜美人生，古猶太人會在新年時食用蘸了蜂蜜的蘋果，藉以祈求美好的未來。

　　如今，蜂蜜已成為全球化商品，主要生產國包括中國、土耳其、美國和阿根廷等。蜂蜜種類繁多，包括野花蜜、荊條蜜和椴樹蜜皆是，每種蜂蜜均各具風味與營養特性，不僅可用於食品工業，也被廣泛應用在美妝領域與保健食品上，例如前幾年很熱銷的蜂毒面膜，便因其天然特性而受到市場青睞。

　　從史前時代到現代社會，蜂蜜一直在人類文明中佔據重要地位。它

不僅是珍貴的食品，更是一種象徵健康與甜美生活的文化符號。無論是古代的宗教祭祀，還是現代的健康飲食，蜂蜜始終以其獨特的魅力與價值，持續豐富著人類的生活。

蜂蜜可是天然的傷口癒合劑：蜂蜜具有強大的抗菌和抗發炎特性，尤其是麥盧卡蜂蜜，因其高含量的甲基乙二醛（MGO）能有效殺死細菌，促進傷口癒合。將少量蜂蜜塗抹於輕微割傷或燙傷上，可形成天然保護層，防止感染並加速組織修復。

此外，蜂蜜的應用不僅限於醫療，還滲透到美容與飲食，彰顯大自然如何以簡單的方式，賦予人類無限的驚喜與益處。

蜂蜜從古至今即具備多重文化意涵，如今更已蔚為全球化健康保健品。

---

1. 位在西班牙的瓦倫西亞省，學者們在某個露天岩洞裡發掘到距今約一萬年的岩石壁畫，岩壁上面詳細描繪了當時的人們如何採集蜂蜜的、以及蜜蜂聚群與築巢的畫面。

蜂蜜的藥用價值與傳奇功效

　　蜂蜜自古以來便被譽為「液體黃金」，不只以其甜美的風味俘獲人心，更因其多樣的健康益處和豐富的文化傳說而備受推崇。從古代文明到現代科學，蜂蜜的神奇功效，總是能夠不斷交織出一篇篇迷人的故事。

　　而現代科學研究進一步證實蜂蜜的多種健康益處。例如蜂膠具有抗癌特性，能抑制腫瘤生長並增強免疫系統反應。此外，蜂蜜在護膚美容方面也有廣泛應用。特殊的保濕和抗炎特性，讓蜂蜜成為許多自製面膜與護膚品的首選成分。加上具備抗菌、抗炎與抗氧化的特性，讓蜂蜜自古以來便被視為天然藥物，用於治療傷口、緩解疼痛與改善消化系統。現代科學更證實，蜂蜜富含多種維生素、礦物質與　　，能有效提升免疫力，促進心血管健康。

蜂膠加上花二年時間製作的金桔酵素，製成連小孩子都能安全使用的蜂膠噴劑。

1. 抗菌、消炎：蜂蜜具有天然的抗菌和抗炎作用，這使其在治療喉嚨痛、咳嗽和感冒等呼吸道問題方面表現出色。飲用蜂蜜水或將雪梨切片拌蜂蜜食用，是傳統中醫常見的治療方法。

2. 抗氧化：蜂蜜富含抗氧化劑，如黃酮類化合物，能有效對抗細胞損傷，預防慢性疾病。這些抗氧化劑有助於中和自由基，減少氧化壓力，從而降低心血管疾病和某些癌症的風險。

3. 補充能量：蜂蜜中的葡萄糖和果糖可迅速被人體吸收，為運動員和需要快速補充能量的人們提供天然能量。這種快速補充能量的特性，一舉讓蜂蜜成為提高運動表現和耐力的最佳選擇。

4. 幫助消化：蜂蜜具備幫助及改善消化系統的功能，有效促進腸道健康，預防便秘和消化不良。其天然的酵素成分可促進食物的分解和吸收，維持腸道正常運作。

作為大自然的恩賜，蜂蜜融合了豐富的營養價值和深厚的文化底蘊。從古至今，以其獨特的風味和多樣的健康益處，成為人們生活中不可或缺的一部分。不論是在醫療、飲食還是美容領域上，蜂蜜都展現出其獨特的魅力，續寫著屬於它的傳奇故事。

蜂蜜是天然的能量補充劑：蜂蜜含有葡萄糖和果糖，能迅速為身體提供能量，特別適合運動員或長時間工作後快速恢復體力。將一湯匙蜂蜜加入溫水或茶中飲用，可在數分鐘內提升精神狀態，無需依賴人工能量飲料。

此外，蜂蜜不僅提供能量，還富含抗氧化劑，長期食用有益健康，令人驚嘆大自然如何以簡單的方式，孕育出如此多功能的寶藏。

Chapter
02

蜜蜂 VS. 蜂蜜

蜜蜂作為自然界不可或缺的一部分,不僅在生態系統中扮演關鍵角色,也為人類帶來了豐富的經濟和文化價值。

蜜蜂的種類、肢體語言

蜜蜂是全球重要的授粉昆蟲，其品種多樣，但主要分為東方蜜蜂（Apis cerana）和西方蜜蜂（Apis mellifera）兩大類，以及其他少數分佈於特定地區的蜜蜂物種。

東方蜜蜂（Apis cerana）

1.分佈：主要分佈於亞洲，包括中國、日本、印度等地。

2.特點：耐環境變化，能適應多種氣候條件；飛行靈活，善於躲避天敵。

3.亞種：

- 中蜂（A.cerana cerana）：屬中國大陸的主要蜂種。
- 印度蜂（A.cerana indica）：分佈於南亞次大陸，適合熱帶氣候。
- 喜馬拉雅蜂（A.cerana himalaya）：生活在高海拔地區，耐寒能力強。
- 日本蜂（A.cerana japonica）：分佈於日本列島，適應溫帶氣候。

4.產蜜量：相對較低，但其天然抗病能力強，適合自然養蜂。

西方蜜蜂（Apis mellifera）

1.分佈：原產於歐洲、非洲和中東地區，現已遍佈全球。

2.特點：性情溫和、產蜜量高、適應力強，是現代養蜂業常用的主要蜂種。

3. 亞種：

・義大利蜂（A.mellifera ligustica）：金黃色外觀，性情溫順，產蜜量高，全球最受歡迎。

・卡尼鄂拉蜂（A.mellifera carnica）：適應寒冷氣候，繁殖力強，抗病能力佳。

・高加索蜂（A.mellifera caucasica）：喙部較長，擅長採集深藏花蜜，產膠量高。

4. 用途：主要用於商業養蜂，生產蜂蜜、蜂蠟和其他蜂產品。

其他蜜蜂物種

1. **大蜜蜂（Apis dorsata）**：體型較大，分佈於東南亞地區，習慣構築單一的大型巢脾。

2. **小蜜蜂（Apis florea）**：體型小，分佈於南亞和東南亞，習慣構築小型巢脾，適合熱帶地區。

3. **綠努蜂（Apis nuluensis）**：分佈於馬來西亞，體色偏暗，為當地特有種。

4. **蘇威拉西蜂（Apis nigrocincta）**：分佈於印尼和菲律賓，體型稍大，具有較高的授粉能力。

蜜蜂的社會結構、分工

蜜蜂是地球上最重要的授粉昆蟲之一，超過 75% 的農作物依賴蜜蜂授粉，包括水果、蔬菜和

蜜蜂的種類。

蜜蜂採蜜後，返回蜂巢。

堅果等。蜜蜂採集花蜜時，攜帶的花粉在不同植物間傳遞，促進植物的受精與繁殖。而蜜蜂在維持生態系統穩定方面發揮了關鍵作用。牠們的授粉活動促進植物的多樣性，進而支持其他動植物的生存。

蜜蜂是高度社會化的昆蟲，具有嚴格的階層結構和分工協作的特性。一個蜂群通常由三種類型的個體組成，分別為：蜂王（Queen Bee）、工蜂（Worker Bee）和雄蜂（Drone Bee）。

1. 蜂王（Queen Bee）：牠是蜂群中唯一的雌性繁殖者，負責產卵和分泌費洛蒙以維持群體穩定。蜂王的產生，係由工蜂餵養特殊的蜂王漿決定，從幼蟲階段便開始培育。而蜂王通常可存活 2～5 年，每天可產卵 2,000～3,000 枚。

2. 工蜂（Worker Bee）：屬於無繁殖能力的雌蜂，通常只有數週至數月的壽命，主要負責蜂群的日常運作，包括：採蜜與授粉（採集花蜜和花粉，並將其轉化為蜂蜜）、保護蜂巢免受外敵侵害、使用分泌的蜂

王漿餵養幼蟲和蜂王、維持蜂巢內部的衛生等。

3. 雄蜂（Drone Bee）：唯一的職責是與蜂王交尾，交尾後即死亡。其生物特徵是沒有刺，所以無法採蜜或參與蜂群工作。

蜜蜂特殊的行為能力

蜜蜂授粉的作物占全球農業產值的35%，其生產的蜂蜜、蜂蠟、蜂膠等產品也帶來了可觀的經濟收益。蜜蜂象徵勤勞與合作，被許多文化視為神聖的動物。例如古埃及人便將蜂蜜視為「眾神的食物」，而古希臘人更稱蜜蜂為「智慧的化身」。而這個神祕的昆蟲，其特殊的行為背後，究竟又有著甚麼樣的涵意呢？

正在蜂箱外辛勤忙碌的蜂群們。

1. 肢體語言：蜜蜂利用「8 字舞」[1]向同伴傳遞花蜜來源的信息,包括方向、距離和花蜜的豐富程度。

2. 導航能力：蜜蜂具有高度精確的導航能力,可利用太陽位置、地磁場和氣味定位花蜜來源。

3. 溝通合作：蜜蜂依賴化學費洛蒙(Pheromone)進行溝通,如蜂王費洛蒙可維持蜂群的穩定,標誌信息則能警告外敵入侵。

4. 能「感知地球磁場」來導航：蜜蜂體內含有微量的磁鐵礦(Magentite),使它們能夠偵測地球的磁場,作為長距離飛行或在陰天時的導航工具。即使在沒有太陽或明顯地標的情況下,蜜蜂也能精準返回蜂巢或找到花源。

這揭示大自然的奧秘,像蜜蜂這般微小的生物,竟具備如此先進的「生物羅盤」,堪比現代科技的導航系統。這種能力不僅展現蜜蜂的生存智慧,也讓人驚嘆自然界如何在億萬年的演化中,賦予昆蟲如此精妙的環境適應力,彰顯生態系統的深邃與神奇。

蜂蜜是一種天然、健康的食物,其營養價值和醫療應用已被廣泛認可。從豐富的碳水化合物和維生素,到抗氧化和抗菌成分,蜂蜜在促進健康、防治疾病方面展現了非凡的潛力。

然而,消費者在選擇和食用蜂蜜時應注重品質和適量,以充分發揮其健康益處。隨著更多科學研究的深入,蜂蜜的營養與醫療價值將進一步被揭示,成為人類健康的重要助力。

---

1. 蜜蜂的「8 字舞」是一種獨特的溝通方式,包含了精確的方向和距離信息。例如透過舞蹈中的擺動頻率,可以表明蜜源的遠近,而舞蹈的角度,則表示蜜源方向與太陽的夾角。

蜂群們面臨的挑戰、影響

1. 威脅來源：
- 農藥使用：化學農藥對蜜蜂的神經系統和生殖能力，產生嚴重影響。
- 棲息地喪失：城市化和種植單一作物，導致蜜蜂食物來源減少。
- 病害與寄生蟲：如蜂 和美洲幼蟲腐臭病等，威脅蜜蜂群體健康。

2. 保護措施：
- 提倡有機農業和減少農藥使用。
- 建立蜜蜂友好的棲息環境，種植本地花卉。
- 支持科學研究，開發抗病害的養蜂技術。

　　隨著人類活動的加劇，蜜蜂的生存環境面臨巨大威脅。保護蜜蜂，不僅是對大自然的尊重，更是人類對自身未來的重要投資。

養蜂人透過煙霧驅趕蜂群。

Chapter 03

不只是蜂蜜……

花粉是大自然的珍貴禮物，其營養成分既全面且均衡，不僅能增強骨骼與心血管健康，還能促進造血、抗老化及改善免疫功能。而與蜂蜜的結合，更為腸道與肝臟提供雙重保護。透過科學合理的攝取，花粉成為日常保健的重要輔助食品，幫助我們實現更健康、更有活力的生活。

花粉：完全營養食品

你知道嗎？蜜蜂需要採集5,000朵花，才能收集到1公克的花粉。

花朵在盛開時，雄蕊會提供花粉，而蜜蜂從花朵的雄蕊上採集花粉，在花叢採集的過程中，專門採集花粉的工蜂全身會沾滿了花粉，而蜜蜂會將全身的花粉集中，並與蜂蜜、唾液分泌物一同黏合成球狀，再放入蜜蜂後足上的一個特殊構造—花粉籃內。

根據研究統計，每隻蜜蜂出勤一趟只能帶回2顆花粉粒，1顆花粉團大約是7.5毫公克，換言之，每1公斤的花粉，必須請蜜蜂外出跑上6萬6千多次才能採集而成。

蜂農若要收集蜜蜂帶回來的花粉，則必須使用巢門脫粉

蜜蜂需要採集5,000朵花，才能收集到1公克的花粉。

器，將其放置在蜂箱的出入口，而巢門脫粉器上的孔洞，尺寸剛好就是每隻蜜蜂身形的大小，所以蜜蜂剛好可以在進出蜂巢時，將花粉籃上的花粉團篩落下來，順勢落到收集盒中……。

花粉怎麼來的？

花粉（Bee Pollen）是植物的雄性生殖細胞，由蜜蜂在採集花蜜時收集而來，通常以微小顆粒的形式存在。蜜蜂在花朵間穿梭，將花粉從一朵花帶到另一朵花，促進植物授粉。蜜蜂收集的花粉混合了蜜蜂分泌的酵素和少量花蜜，便形成了營養豐富的花粉顆粒，這些顆粒就是我們平時所見的花粉產品。

1. 花粉來源：花粉來源多樣，取決於蜜蜂採集的植物種類。常見的花粉來源包括向日葵、蕎麥、蒲公英、洋槐和椴樹等，每種花粉都有其特有的營養成分和功效。

2. 花粉的收集過程：蜜蜂收集花粉後會將其帶回蜂巢，作為蜂群的主要蛋白質來源。養蜂人利用特製的花粉收集器，從蜜蜂腿部輕輕刮取花粉，但不會對蜜蜂造成傷害。這些花粉會經過乾燥或冷凍處理，保持營養成分的完整性，製成食用或保健品。

3. 花粉的形式：花粉在市場上的形式多樣，包括天然花粉顆粒、粉末、膠囊及錠狀產品。生花粉通常保留最天然的形態，但需冷藏保存，而乾燥花粉則較便於保存與攜帶。

4. 花粉的環保意義：取得花粉同時體現了人類與大自然的和諧關係。花粉的收集過程對蜜蜂生態不構成重大威脅，只要遵循可持續養蜂的原則，蜜蜂不僅可以健康繁衍，還能促進植物的授粉和生態系統的穩定。

因此，使用花粉產品也算是支持環保的一種選擇。

花粉的營養成分

花粉是一種原食物型態的全天然營養素，被稱為「完全營養食品」，因為它幾乎包含了人類所需的所有營養成分，適合全家人食用。以下是花粉的主要營養素及功效：

1. 蛋白質、胺基酸：花粉中約含有 20%～30% 的蛋白質，其中包括 22 種胺基酸。特別是必需胺基酸如賴氨酸、蛋氨酸和色氨酸，有助於修復身體組織和支持免疫系統功能。

2. 維生素、礦物質：如維生素原 A（β-胡蘿蔔素）、維生素 E、維生素 C、菸酸、硫胺素、生物素和葉酸，具有抗氧化和提升免疫力的功效。礦物質（鈣、鋅、鐵、錳、鉀和銅）可幫助骨骼健康、血液生成及免疫調節，並促進骨密度的增加與鈣的吸收。

3. 酵素、輔酶：花粉中含有多種酵素和輔酶，有助於促進食物消化、能量轉化，並支持細胞代謝活動。

4. 抗氧化劑：花粉富含類黃酮、多酚及胡蘿蔔素，有助於減少自由基損害，保護細胞免受衰老與疾病影響。

5. 稀有活性成分：花粉中還含有植物甾醇、芸香（維生素 P）、原花青素等多種特殊成分，這些成分對抗細菌、消炎和促進血液循環有潛在的健康益處。

6. 碳水化合物、膳食纖維：花粉提供碳水化合物作為能量來源，並含有膳食纖維，有助於腸道蠕動及改善消化功能。

花粉的功效

1. 增強骨骼健康： 花粉有助於提升骨密度，促進鈣質吸收，達到預防骨質疏鬆症的作用。對腰酸背痛的人來說，花粉中的礦物質成分有助於緩解不適。

2. 改善造血功能： 花粉中的鋅、鐵、銅和核酸能促進造血功能，提升紅血球生成，改善貧血問題。其酵素和活性物質還能幫助調節內分泌，促進血液循環，改善體質。

3. 支援毛細血管健康： 花粉中的芸香苷（Rutin，又名蘆丁）和原花青素能增強毛細血管的伸張強度，有效防止毛細血管通透性障礙。芸香還有助於預防腦出血、視網膜出血，並增強心臟收縮能力。

4. 心血管健康： 花粉富含黃酮類化合物，能抑制低密度脂蛋白氧化，減少血管壁脂肪沈積，軟化血管並降血脂。其有機酸和牛磺酸則具有抗心律不整、降低血壓和保護心肌的作用。

5. 提升肌耐力： 曾有國外醫學研究，推薦運動員每日攝取 15 公克的花粉，連續三個月，將可顯著提升心臟功能、恢復骨骼強度與增強肌耐力。此外，花粉能幫助運動後更快恢復體力，減少心跳增加速率，對於提升運動表現非常有益。

6. 抗老化、調節免疫力： 花粉中的抗氧化劑能有效中和自由基，延緩細胞老化，降低慢性病發生風險。蛋白質、維生素 C 及多酚成分能提升免疫系統功能，減少感染風險。

7. 調節荷爾蒙、內分泌： 花粉中的植物甾醇（Phytosterol，又名植物固醇）能幫助平衡荷爾蒙，對女性經期不適和更年期症狀具有顯著效果。

8.腸道、肝臟健康：花粉與蜂蜜的結合可促進腸道益生菌生長，改善腸道功能，緩解便秘問題。花粉中的槲皮素（Quercetin）能降低肝指數，減少脂肪堆積，保護肝細胞免於老化。

花粉與蜂蜜的結合，提供了人體多方面的營養需求，從骨骼健康到心血管支持再到提升免疫力，這兩種天然產品相輔相成，共同為人體健康提供強有力的支援。

此外，吃花粉還能減肥？大家想不到吧……，基本上經過程分解析，花粉內含15%卵磷脂，這除了對心血管起到保護作用，更可增進血液循環，改善血清脂質，清除過氧化物，使血液中膽固醇及中性脂肪含量降低。卵磷脂亦可燃燒脂肪，幫助且加快身體新陳代謝的過程，加速消耗多餘熱量。

不同的植物，不同的花粉

種類	功效
茶花花粉	❁ 茶花粉是花粉中的上品，不僅口感好，維生素含量更居眾花粉之冠，尤以維生素 B 最值得一提，該營養素具備調節新陳代謝，維持皮膚和肌肉的健康，增進免疫系統和神經系統的功能，促進細胞生長和分裂。 ❁ 茶花粉具有深層保養或改善肌膚的功效，有效預防各種皮膚疾病，增強皮膚活力，是日常皮膚保養之佳品。
蒲鹽花粉	❁《神農本草經》記載，蒲鹽花粉列為上品，9 至 10 月為盛產期，產量極少，主要生產於台灣東部，是一種生長於低海拔山地的野生樹木，其果核外部有薄鹽是其名的由來；品質精純的蒲鹽花粉，口感非常爽口，有淡淡的蛋黃香氣，入口即化，又具有天然的甜味 ❁ 蒲鹽花粉可防治黃褐斑、減少皮膚皺紋和老化用，集美容、保健、治療三種效果於一體。既能保養眼睛、減少乾澀，適合長期使用 3C 產品的上班族。
榆樹花粉	❁ 老老榆樹常用於藥材，營養價值高，口感酥脆，味道清香芬芳，約三年才能採收一次，是產量極少的頂級花粉。 ❁ 榆樹花粉黃酮類化合物（Flavone）含量很高（1398~2549mg/100g），有預防心臟血管疾病的效果。老榆樹花粉含有豐富天然葉黃素、高量的芸香苷（維生素 P）、葉酸、泛酸、菸鹼酸等，維生素 C 含量亦高，含少量的維生素 D、E 及微量的生物素、膽鹼和肌醇等；所含礦物質有鈣、鎂、鐵、鋅、錳、銅及少量的微量元素如硒、鈷、植物蛋白質，有助於平衡情緒、安定心緒！

資料來源、製表：作者

「破壁」是什麼？

　　常能夠在單價較高的花粉上看見「破壁」一詞，但什麼是破壁呢？原來花粉細胞有一層堅硬的外殼而所謂破壁其實就是破壞花粉中的細胞壁，而也常有商家聲稱只有破壁蜂花粉才能使人體正常吸收細胞壁內的營養。

　　所以當我們吃天然蜂花粉，就不能吸收到營養了嗎？其實這是錯誤的資訊，其實是可以的，因為其實在花粉細胞那堅硬的外殼中其實有一個小小的萌發孔，而這也是腸胃吸收花粉細胞內營養的一個途徑，其實單單依靠萌發孔人體就能吸收 70%～90% 的營養。

　　而泉發蜂蜜的花粉（無破壁），由攝氏零下 65 度乾燥，經過九道人工篩選，兩款花粉獨立生產，沒有混到其他花的花粉，色澤鮮艷。花粉含有微量蜂蜜，可以直接食用，小孩一湯匙、大人兩湯匙，或用水泡開加至牛奶或咖啡使用，建議冷凍以免受潮。

蜂王乳：女王蜂背後的秘密……

蜂王乳又稱蜂王漿，是蜜蜂消化過花蜜與花粉後，再從咽頭腺分泌出來哺育女王蜂的食物。新鮮蜂王乳呈現乳黃色，具有一股刺激的酸辣氣味，是天然的綜合性營養物質。

蜂王乳含有多種營養素，其中有一種特殊有機酸（簡稱為癸烯酸），這種稀有的營養成分竟然只在蜂王乳內被發現，其珍貴稀有，可見一斑。此外，除了癸烯酸，蜂王乳中還含有豐富的維生素B群，且又以乙烯膽鹼、泛酸居多，均以活性型態存在於蜂王乳中，使女王蜂壽命增長為其他工蜂的40倍。

蜂王乳的來源、特性

蜂王乳是由工蜂的下頷腺和下咽腺分泌的乳脂狀物質，主要用於餵養蜂王幼蟲和成年蜂王。它是蜂群中獨一無二的

成蜂會使用蜂王乳來餵食幼蜂，女王蜂則是終生都食用蜂王乳。

「生命食物」，而這也解釋了爲何蜂王壽命可長達 4～5 年，反觀普通工蜂卻僅有 1～3 個月壽命的原因。

蜂王乳呈乳白色或略帶黃色，質地稠密，有淡淡的酸味和特殊香氣。由於蜂王乳的活性成分對光、熱、空氣極為敏感，因此需要採用低溫保存或專業凍乾技術以保持其功效。

蜂王乳自古以來就是皇室與貴族的健康養生之選。例如在中國和古埃及，它被視為滋補、抗老和延壽的秘方。現代科學進一步揭示蜂王乳在消炎、調節免疫力、平衡荷爾蒙及抗老化等方面，健康價值甚大。

蜂王乳的營養成分

蜂王乳內含 185 種以上有機化合物，營養結構豐富且全面，這份特

新鮮的蜂王乳必須冷藏以確保其活性不減，是極為珍貴的保養品。

質為其成為「超級食品」，奠定堅實基礎。

1. 基本成分：

・水分：50%～60%

・蛋白質：18%，其中蜂王乳蛋白（Royalactin）是促使幼蟲分化為蜂王的重要因子。

・碳水化合物：15%

・脂類：3%～6%，包括珍貴的脂肪酸如葵烯酸（10-HDA）。

・礦物質：1.5%，含鈣、鐵、鋅、鉀、鎂等多種必需微量元素。

・維生素：富含 B 群（B1、B2、B6、B12）、維生素 C 和 E。

2. 活性成分：

・葵烯酸（10-HDA）：這是蜂王乳中的核心活性物質，具有免疫調節、消炎、抗腫瘤和抗氧化等多種功效。此外，它還有助於提升老年人的認知能力，延緩神經退化。

・蜂王乳蛋白（Royalactin）：這種蛋白質被認為是蜂王乳中，誘導幼蟲成為蜂王的關鍵，對於促進細胞分裂、再生和延緩衰老，效用顯著。

・乙醯膽鹼：乙醯膽鹼在神經傳遞中具備重要作用，有助於改善記憶力、提升專注力，以及減緩神經退化性疾病的進程。

蜂王乳的健康效應

蜂王乳因其營養與活性成分的多樣性，可全方位支持人體健康，以下為其主要功效。

1. 調節雌激素關鍵：除了 60%～70% 的水分外，蜂王乳含有葵烯酸、蛋白質、脂肪、醣類、維生素及礦物質、游離胺基酸，維生素又以 B 群

高效凍乾——泉發蜂蜜的創新技術

泉發蜂蜜採用法國專利高效凍乾技術，有效保留蜂王乳的活性成分。與傳統乾燥蜂王乳相比，泉發蜂王乳的胺基酸和葵烯酸含量更高，穩定性更強。元培醫事科技大學的研究表明，泉發蜂蜜的蜂王乳在細胞實驗中顯示出更強的抑制炎症能力，尤其在細胞激素風暴的預防中，效果明顯優於其他產品。

泉發以特殊技術乾燥蜂王乳，即使在常溫下也能確保其活性，更加方便食用。

較為豐富，其中維生素 B5（泛酸）含量較多。此外，泛酸更為人體的必須營養素，是輔 組成成分之一，有助促進新陳代謝，有助於改善睡眠障礙、易怒、浮躁、疲憊、渾身虛弱等狀況；但是泛酸容易因加工而流失，在新鮮蜂王乳中相對容易被保存下來。

2. 抗氧化、抗發炎、抵禦慢性疾病：多份小樣本數的試驗結果提到蜂王乳對高膽固醇血症、糖尿病、降血壓和癌症等，或許有正向幫助。比方說，在抗糖尿病活性的對照研究裡，讓第二型糖尿病患者連續服用

8 週蜂王乳（每日劑量 1,000mg），發現能顯著降低空腹血糖值並提高平均血清胰島素濃度。另有研究顯示，蜂王漿能活化老年人的身心機能，提升其食慾和體重；對阿茲海默症患者的神經發揮保護作用。

3. 殺菌： 有研究表明蜂王乳及其衍生物成分 Royalisin、癸烯酸、Jelleines，具有天然抗菌效果，體外研究證實針對大腸桿菌、金黃色葡萄球菌等微生物有殺菌作用，因此被認為或許可代替、補充現有抗生素的使用，進一步預防或對抗疾病。

4. 增生膠原蛋白： 確實有文獻提到癸烯酸能刺激膠原蛋白的增生，並抑制黑色素生成，有助於癒合傷口，自古便有利於養顏美容的說法。但也有少數案例顯示，蜂王漿裡的蛋白質會引發全身性瘙癢、蕁麻疹等過敏現象，食用前應先確定是否對該成分有過敏現象。

5. 幫助傷口癒合： 曾有以 8 位糖尿病患為對象的小型臨床試驗，評估蜂王乳在糖尿病足部潰瘍的傷口癒合上有何效果。研究有兩種治療方式，常規治療以及使用含有 5% 無菌蜂王乳的軟膏塗抹於傷口上（是外用，不是用吃的喔）。結果發現對於糖尿病患者足部潰瘍的治療上，蜂王乳軟膏的效果較常規治療方法好。

6. 減少心血管疾病風險： 有研究找來健康，但有輕微高膽固醇血症的成年人來進行試驗，隨機分配他們到蜂王乳組與安慰劑組，蜂王乳組在 3 個月研究期間，每天服用 9 顆含 350 毫公克蜂王乳的膠囊。結果發現蜂王乳組的總膽固醇與 LDL 的顯著下降，且血中 DHEA-S 的濃度有顯著的改善。因此，攝取蜂王乳可能有助於改善 DHEA-S，減少罹患心血管疾病的風險。

7. 緩解更年期症狀： 日本有篇以健康的更年期女性為對象的隨機安

慰劑 - 控制組研究，受試者每天補充 800 毫克的蜂王乳或安慰劑，連續 12 週。結果發現，蜂王乳可緩解受試者焦慮、頭痛與下背疼痛等更年期症狀。

8.改善乾眼症： 在日本有篇以 43 位乾眼症患者為對象的前瞻性研究，隨機分配受試者到蜂王乳組或安慰劑組，研究進行的時間是 8 週，期間蜂王乳組每天要攝取 6 顆含 1.2 公克蜂王乳的錠片。研究者們會評估受試者的角結膜上皮損傷、淚膜破裂時間（tear film break-up time）、淚液分泌量、瞼脂量、血液生化資料，並且在研究一開始、第四和第八週結束後，讓受試者填乾眼症的問卷，結果發現，蜂王乳可能增加淚液的分泌量。

蜂王乳怎麼吃，最加分？

　　泉發的蜂王乳為 2 日齡蜂王乳，生鮮蜂王乳無添加其他成分，為 100% 蜂王乳，味道辛嗆微酸，初次食用可能會被嗆到，每日建議 1～2 湯匙，早晨空腹吃效果最好，須提醒客人若腸胃不佳建議飯後再食用，並請客人食用時勿使用金屬湯匙挖取，以免產生化學變化使蜂王乳變質，湯匙亦要保持乾燥。

　　蜂王乳凍晶膠囊亦為 100% 蜂王乳，於零下 65 度冷凍乾燥去除水分，無添加其他成分並裝入植物性膠囊，素食者亦可食用，打開膠囊裡面會成粉末狀，直接吃粉末亦有酸酸辣辣的味道。

蜂王乳是大自然為蜂后打造的營養精華，卻也能直接為人類肌膚帶來光澤，其背後是大自然的奧秘，蜜蜂以精密的生物過程分泌出這一多功能物質，濃縮了抗氧化與修護的天然力量。蜂王乳的外部應用，體現了大自然如何以微小的創造，賦予人類驚奇的護膚寶藏。

蜂王乳的生活應用

1. 提升免疫力：蜂王乳含有豐富的營養素，能促進免疫系統功能。

・蜂王乳飲品：
材料：蜂王乳 1 克、蜂蜜 1 湯匙、溫水 200 毫升。
方法：將蜂王乳與蜂蜜加入溫水中攪拌飲用，每日一次。
功效：增強體質，提高免疫力。

2. 改善皮膚彈性：蜂王乳含有膠原蛋白生成因子，可延緩肌膚老化。

・蜂王乳面膜：
材料：蜂王乳 1 克、優格 2 湯匙。
方法：混合後均勻塗抹於臉部，靜置 15 分鐘後清洗。
功效：提升肌膚緊緻度與光澤。

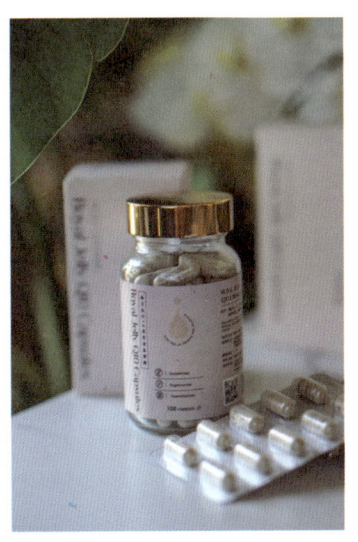

透過特殊技術，泉發蜂蜜將蜂王乳製成膠囊，方便忙碌的現代人隨時皆可食用。

蜂子粉：動物界的綠色奇蹟

李時珍在《本草綱目》中曾有記載：「蜂子，即蜜蜂子未成時白蛹也。」因此，所謂的蜂子，指的就是蜜蜂的孩子，也就是在蜂巢中成長的幼蟲，一般說來，也包含蛹以及剛成長的幼蜂在內。自古以來，傳統中醫便將蜂子視為藥物使用。

蜂子含有豐富的動物性蛋白質，能增強體力、提升人體的精氣神，是很珍貴的滋養強壯食品，從古至今，備受人們重視。例如在日本的長野縣與岐阜縣，當地人們長久以來都會把蜂子當作菜餚食用：將蜂子以佃煮的方式烹調，或配飯或下酒，有時也會把蜂子跟飯一起烹煮，而煮出來的飯就稱作「蜂子飯」。不論是蜂子飯還是蜂子佃煮，都是養生的上等美味，深受當地人的喜愛。

蜂子粉是大自然的營養瑰寶，來源於蜜蜂幼蟲或蛹，是採用冷凍乾燥技術製成的高濃縮粉末。這種珍貴的天然產品因其極高的營養價值，被譽為「超級食品」。

蜂子有將近一半由胺基酸組成，且富含多種生物酵素、維生素及礦物質。如果說蜂蜜、花粉、蜂王乳擁有極為豐富的營

養蜂人手工取出蜂子。

養，那麼食用這些食物成長的蜂子，真可謂集營養之大成，也因此才會被形容為帝王級的營養食品。

以下將深入解析蜂子粉的取得方式、營養素及使用方法，幫助大家更加了解這個健康寶藏。

蜂子粉的取得方式

蜂子粉是以蜜蜂幼蟲或蛹為原料，特別是女王蜂幼蟲為主，經過精細處理製成的粉末。這些幼蟲或蛹在成長過程中吸收了蜂蜜、花粉和蜂王乳等高營養物質，因此富含多種人體所需的營養素。

1. 原料來源：

‧蜜蜂幼蟲或蛹：蜂子粉主要來自 3 日齡女王蜂幼蟲或雄蜂蛹，這些幼蟲和蛹在發育階段，積累了豐富的營養。

‧特選女王蜂幼蟲：女王蜂幼蟲因其在蜂群中的特殊地位，是蜂王乳和營養最豐富的攝取者，因此富含大量蛋白質、維生素和抗氧化物質。

2. 採集過程：

‧採集蜜蜂幼蟲或蛹，需立即冷凍保存，避免活性物質流失。

‧採集過程需確保蜂群健康且無害，符合生態友善原則。

3. 冷凍乾燥技術：蜂子粉的製作過程，採用專業的冷凍乾燥技術，例如透過「低溫冷凍」─在極低溫環境中將幼蟲或蛹迅速凍結，保留原始營養成分。或是採用「真空乾燥」─透過真空技術將水分蒸發，避免因高溫破壞營養物質。以及「研磨成粉」─乾燥後的幼蟲或蛹被研磨成細膩粉末，方便儲存和食用。

蜂子粉的營養成分

　　蜂子粉是一種營養極其全面的天然產品，其成分涵蓋了人體所需的多種營養素，為健康提供全方位支持。

　　1.高品質蛋白質、胺基酸：蜂子粉中的蛋白質佔比高達40%～50%，是一種優質的蛋白質來源。

　　此外富含人體必需的8種胺基酸（如賴氨酸、色氨酸、蛋氨酸）和非必需胺基酸，對細胞修復、免疫增強及肌肉生長有重要作用。

　　2.維生素、礦物質：蜂子粉含多種維生素和礦物質，促進視力健康，增強免疫力；支持骨骼健康，幫助鈣吸收；提升能量代謝，改善情緒和記憶力。以及礦物質（鋅、鐵、硒），可促進細胞分裂和提升免疫力；幫助造血，預防貧血；以及強效抗氧化作用，減少自由基損傷。

　　3.生物活性成分：蜂子粉的特殊成分，使其具有多種健康效益，例如甲殼素（幾丁質）可幫助降低膽固醇，促進腸道健康；富含亞麻酸和次亞麻酸，有助於心血管健康。

　　此外更含有多種抗氧化劑：包括多酚、黃酮類化合物和胡蘿蔔素，能有效中和自由基，減緩細胞老化。

　　4.酵素、輔酶：蜂子粉含有多種酵素與輔　，有助於促進食物消化、能量代謝及細胞修復。

　　5.抗菌、免疫因子：含天然的抗菌物質，可幫助抑制病菌生長，提升人體免疫力。

蜂子粉的健康功效

蜂子粉以其全面的營養結構，對人體健康有多方面的促進作用。

1. 增強免疫力：蜂子粉富含蛋白質、胺基酸和抗氧化劑，能有效提升免疫細胞的活性，增強身體抵抗力，降低感染風險。

2. 改善心血管健康：蜂子粉中的幾丁質（chitin，又名甲殼素）能減少壞膽固醇的積累，降低動脈硬化風險。而富含鐵質並可與維生素 C 結合作用，改善血液攜氧能力，增強血液循環。

3. 支援骨骼、關節健康：蜂子粉中的鈣、維生素 D 與鎂，能有效增強骨密度，預防骨質疏鬆，並對關節健康有顯著幫助。

4. 提升能量、耐力：維生素 B 群，促進能量代謝，減輕疲勞；富含蛋白質與胺基酸，能快速恢復運動後的體力。

5. 改善腸道功能：蜂子粉的膳食纖維和生物活性酵素，能促進腸道菌群平衡，緩解便秘，提升消化功能。

6. 抗衰老、抗氧化：抗氧化劑能減少自由基損傷，延緩皮膚和器官老化，改善皮膚光澤與彈性，延緩皺紋生成。

7. 支援生殖健康：調節荷爾蒙平衡，有助於改善女性經前綜合症和更年期症狀，提升男性的精子質量與生育能力。

8. 促進傷口癒合：富含維生素和抗菌物質能加速細胞修復，促進傷口癒合。

9. 女性健康、調節荷爾蒙：蜂子粉的荷爾蒙調節作用，特別對女性健康有益，像是改善經前綜合症（PMS），有效緩解經前焦慮、疲勞和腹痛。蜂子粉中的植物雌激素有助於舒緩更年期症狀，例如減輕潮熱、情緒波動和骨密度下降等問題。

蜂子粉的未來與應用

　　蜂子粉是一種源自於大自然的珍貴寶藏，其取得過程結合了生態友善與科技創新，保留了豐富的活性營養成分。作為一種多功能的天然健康補充品，蜂子粉以其全面的營養結構和顯著的健康效益，成為現代人追求健康生活的重要選擇。

　　蜂子粉中的多種活性成分，被證明具有促進細胞修復和再生的潛力，可望應用於再生醫學和消炎治療。蜂子粉中的抗菌　和多酚類物質，在提升免疫系統方面有顯著效果。無論是用於提升免疫力、支持心血管健

蜂子粉的使用方法

食用方法	外用方法	注意事項
❀ 直接服用：每日1～2茶匙，建議空腹服用，效果最佳。 ❀ 搭配飲品：可加入溫水、牛奶或果汁中攪拌飲用，適合不同口味需求。 ❀ 混合蜂蜜：可改善口感，提升免疫力。 ❀ 添加至食物：可撒在麥片、優格或沙拉中，增添營養與風味。	❀ 面膜使用：將蜂子粉與蜂蜜混合，塗抹於臉部15～20分鐘後清洗，幫助滋潤皮膚，改善膚質。 ❀ 傷口護理：用蜂子粉調和成糊狀，塗抹於小傷口，促進癒合。	❀ 保存方式：冷藏保存，避免受潮和陽光直射，保持活性成分穩定。 ❀ 過敏風險：對蜂產品過敏者應謹慎使用，建議從少量開始測試。 ❀ 用量控制：每日建議服用5～10克即可。

資料來源、製表：作者

康，還是促進腸道功能和抗衰老，蜂子粉都能提供全方位的健康支持。通過正確的使用方式與適量的攝取，蜂子粉可以成為日常健康夥伴，幫助實現更高品質的生活。

未來，隨著科學研究的深入，蜂子粉的更多潛力將被發掘，其應用範圍也將進一步擴展。不論是運動營養、再生醫學還是美容護膚，蜂子粉都將在健康產業中發揮更重要的角色，讓大家在日常生活中受益於這一份大自然的健康奇蹟。

泉發蜂子系列─吃進去的青春露

蜂王胎的重要成份大致與蜂王漿相近，此外還含幼蟲體所特有的酵素及活性物質，蜂王胎凍乾粉，為蜂王 3 日齡幼蟲體與蜂王漿的複合產品，蜂王幼蟲由於大量食用最具營養的蜂王漿，生長過程只攝取蜂王漿優質食物。

透過獨家專利技術，泉發蜂蜜將蜂子製成方便食用的膠囊。

泉發蜂子系列訴求運用高科技急速冷凍萃取，保留完整營養素，其營養價值是蜂王漿的 300 倍，是調整體質及維持好氣色時，不可或缺的營養素，值得重視利用。

蜂膠：最佳的天然抗生素

蜂膠（Propolis）是蜜蜂提取自植物樹脂中，並且混合自身分泌物製成的天然物質，被譽為「天然抗生素」。它其豐富的營養成分和多樣的健康效益，成為保健食品和藥品中的重要成分。以下將全面解析蜂膠的取得方式、成分營養及其多重效用，帶領大家深入了解這個自然的珍寶。

蜂膠的取得方式

蜂膠是蜜蜂為了保護蜂巢免受外界細菌、病毒和其他微生物侵害，因而將收集的樹脂混合唾液分泌物和蜂蠟，製成黏稠的一種樹脂狀物質，主要用於蜂巢內壁的修補、孔洞填充及防禦屏障的建設。以下則是蜂膠的來源及取得過程。

1. 蜂膠來源： 蜂膠主要來源於植物分泌的樹脂，包括以

從蜂箱內刮取下來，經提純和萃取後製成的膠囊。

下常見植物，例如提供豐富的多酚和抗菌物質的松樹、楓樹；其樹脂含有黃酮類化合物，具抗氧化功能的柳樹、白楊樹，以及能夠提供高濃度的植物化學物質，有助於提高蜂膠的消炎性的橄欖樹、橡樹等。

2. 採集過程： 首先養蜂人會在蜂箱中安裝蜂膠收集板，讓蜜蜂在板上塗抹蜂膠，作為封閉材料。接著再將蜂膠從蜂巢內壁和收集板上刮取下來，這個動作要謹慎小心，以免影響蜂群活動。最後則是把收集的蜂膠會經過篩選過濾，去除雜質，保留純蜂膠以供加工。

3. 儲存、加工： 蜂膠在加工過程中需要保持低溫，防止活性成分流失；加工後的蜂膠可製成多種產品形式，如膠囊、粉末、液體提取物和外用膏劑。

蜂膠的營養成分

蜂膠的成分非常複雜，涵蓋超過 300 種活性物質，其功效與其化學結構密切相關。以下是蜂膠的主要成分及營養價值。

1. 黃酮類化合物： 蜂膠中最重要的成分是黃酮類化合物，具有抗氧化、消炎和抗菌特性。此外像是槲皮素：可抗氧化作用強，能減少自由基損傷。芹菜素：具有抗發炎和抗病毒的功效。異黃酮：幫助調節荷爾蒙平衡，對女性健康有益。

2. 多酚類化合物： 蜂膠中的多酚，有顯著的抗菌和消炎作用。例如咖啡酸：可促進免疫系統功能，減少炎症反應。沒食子酸：有效對抗多種病原菌，改善腸道健康。

3. 維生素、礦物質： 蜂膠含有豐富的微量元素和維生素，例如維生素 B 群能支持能量代謝，提升免疫力；維生素 E：抗氧化劑，保護細胞

免受氧化損傷；而鋅與硒則是能夠增強免疫功能，支持抗氧化機制。

4. 脂肪酸、胺基酸： 蜂膠中的脂肪酸和胺基酸，為細胞提供能量和修復支持，幫助蛋白質合成，支持肌肉和組織修復，促進心血管健康，降低膽固醇水平。

5. 樹脂、蜂蠟： 樹脂為蜂膠提供黏稠性，而蜂蠟則增加其穩定性和保護作用，兩者共同增強蜂膠的物理屏障功能。

蜂膠的效用

蜂膠因其多樣的活性成分，對健康有廣泛的益處，以下是蜂膠的主要健康功效。

1. 提升免疫力： 蜂膠中的黃酮類化合物和多酚可激活免疫細胞，提升身體對抗細菌、病毒和真菌感染的能力。蜂膠可抑制流感病毒、皰疹病毒等的活性，減少感染風險。此外，蜂膠對金黃色葡萄球菌、大腸桿菌等病原菌具有顯著的抑制效果。

蜂膠在生活中的妙用

1. 口腔護理： 蜂膠具有抗菌和抗炎作用，是保護牙齦和口腔健康的理想選擇。將蜂膠滴劑 5 滴加入 200 毫升的溫水中，每日漱口 2 至 3 次，有效減少牙菌斑，緩解牙齦炎。

2. 抗菌傷口護理： 可將蜂膠滴劑與純水按 1：5 比例混合後製成蜂膠傷口噴霧，每日 2 次噴於小傷口或皮膚感染處，可抗菌、消炎、促進癒合。

2. 消炎與傷口癒合：蜂膠中的咖啡酸和槲皮素可減少發炎反應，促進組織修復，適用於關節炎、腸炎等慢性炎症疾病。此外，蜂膠可刺激膠原蛋白生成，加速燒傷、擦傷等傷口癒合。

3. 抗氧化、防老化：蜂膠中的抗氧化劑能減少自由基對細胞的損傷，延緩衰老過程。此外更活用於護膚品中，增強肌膚彈性，減少皺紋生成。

4. 口腔與牙齦健康：蜂膠常被用於口腔健康產品中，具有顯著的抗菌與消炎效果：蜂膠中的活性成分可有效抑制牙菌斑生成，更可用於治療牙周病、口腔潰瘍等問題。

5. 心血管健康：蜂膠可減少壞膽固醇積累，促進血液循環，保護心血管健康，而其抗氧化與消炎特性能降低血栓風險。

6. 支援腸道健康：蜂膠中的多酚和抗菌物質能改善腸道菌群平衡，減少腸胃不適，提升消化功能。

7. 改善呼吸系統：蜂膠有助於舒緩咳嗽、緩解喉嚨疼痛，對於上呼吸道感染有輔助治療作用。

8. 抗癌潛力：蜂膠中的咖啡酸苯乙酯（CAPE），被認為具有抑制癌細胞增殖的潛力，對預防某些癌症有一定幫助。

蜂膠作為大自然的防禦奇蹟，因其取得方式獨特、成分豐富、效用廣泛，成為現代健康生活的重要組成部分。通過正確的使用方式，蜂膠能夠全面提升免疫力、改善健康問題，並在未來的醫療、食品和美容領域展現更大的潛力。

泉發蜂膠草本噴喉劑

　　季節變換潤喉的好夥伴！蜂膠草本噴喉劑選用泉發百年招牌特選野花蜜，結合純釀金棗、陳釀蜂蜜醋及頂級蜂膠、茴香、薄荷等草本植物精華，味道清爽、溫和潤喉，更可以幫助維持口氣清新。無法接受蜂膠特殊氣味者的好選擇，攜帶方便！

　　一瓶蜂膠需要 3 年的時間才能製作完成，是一款大人小孩隨時可以保養喉嚨的好商品！特別是上呼吸道不舒服時可以按壓 2 下，直接噴入口中，並靜待 5~10 分鐘，期間不可喝水或進食，以便讓蜂膠充分發揮作用。

蜂膠多半會封存在酒精裡，泉發蜂蜜以祖傳秘方，將蜂膠存放於釀製二年的金桔酵素中，既方便食用也更加安全。

---

1. 一種黃酮醇。取自高良薑、蠟菊以及大高良薑的根莖和蜂膠中。研究發現其具有抗菌和抗病毒的特性，同時還能抑制乳腺癌細胞的增生。

蜂蠟：大自然的黃金守護者

蜂蠟（Beeswax）是蜜蜂分泌的一種天然蠟質物質，主要用於構建蜂巢和儲存蜜蜂享用的食物。它不僅是蜜蜂生存的重要物質，對人類來說更是功能性特強的天然產品。以下章節將深入探討蜂蠟的取得方式、營養成分及其多方面的健康與實用功效。

蜂蠟的來源、提取及加工

蜂蠟是由蜜蜂腹部的蠟腺分泌出來的蠟片，經蜜蜂加工後用於建造蜂巢。以下是蜂蠟的來源及取得過程。而蜂蠟的生成，需要蜜蜂消耗大量能量，包括：

蜂蠟是工蜂分泌的蠟質，蜜蜂用蜂蠟在蜂巢內架設分隔的房間，哺育幼蜂或儲存花粉。

1. 來源：蜜蜂分泌出的蠟片呈透明狀，隨著接觸空氣，逐漸變成白色或微黃色。而蜜蜂用分泌的蜂蠟建造蜂巢的六角形格子，用於儲存蜂蜜、花粉及飼養幼蜂。

2. 提取：必需採取合理的養蜂操作，方能取得蜂蠟，避免對蜂群造成影響。例如在蜂農採蜜的過程中，會將蜂巢上的蠟蓋刮取下來，而這些蠟蓋經過處理後，可用於製作蜂蠟產品。此外，蜂農更可在蜂群更新蜂巢時回收舊巢，經過加工提煉成純蜂蠟。

3. 加工：可將收集的蜂蠟加熱熔化，再經過濾去除雜質。而純化後的蜂蠟可製成塊狀、顆粒或薄片，用於不同用途。

蜂蠟的營養成分

蜂蠟雖非可以直接食用的營養來源，但其內含的多種化學成分，賦予了蜂蠟卓越的應用價值。

1. 基本成分：蜂蠟的主要成分為酯類（Esters），約佔總量的 70%～80%，這些酯類物質提供了蜂蠟的柔韌性和可塑性。此外蜂蠟富含多種脂肪酸，如具備保濕和消炎作用的棕櫚酸和油酸，便是一例。最後是含有特殊的碳氫化合物（如角鯊烯），這些物質具有抗氧化特性。

2. 微量成分：蜂蠟中含有少量維生素 A，有益皮膚健康。此外，天然蜂蠟內含的黃色色素，其來源就是花粉中的類胡蘿蔔素，具有抗氧化作用。

3. 物理特性：蜂蠟的熔點在攝氏 62～65℃之間，穩定性高。加上蜂蠟的天然黏性使其成為製作蠟燭、化妝品與藥品的重要原料。

蜂蠟的健康功效

蜂蠟因其天然性、安全性和多功能性，可在健康、生活及工業領域上被廣泛應用。

1. 健康功效：蜂蠟內含的脂肪酸和酯類成分，能在皮膚表面形成保護膜，防止水分流失。此外，其天然成分能舒緩乾燥和敏感肌膚，是護膚品中的重要成分。

2. 消炎、抗菌：蜂蠟具有天然抗菌特性，可用於治療小傷口，預防感染，而其消炎特性更是對緩解濕疹、皮膚炎等症狀，效果顯著。

根據 2005 年，在阿拉伯聯合酋長國的杜拜專門的醫療中心進行的研究，研究人員結合蜂蜜，橄欖油和蜂蠟的混合物，發現實驗室板塊上的細菌：金黃色葡萄球菌、真菌、白色念珠菌的生長會受到抑制，有此可推論，蜂蠟有助於治療尿布疹及其他細菌性皮膚條件的可能性。

3. 支援呼吸健康：常用於製作治療呼吸道問題的吸入劑或潤喉產品，舒緩喉嚨不適，減緩咳嗽。

4. 促進傷口癒合：蜂蠟有助於加速傷口癒合，減少疤痕形成，常與蜂蜜混合用於燒傷或割傷的護理。

蜂蠟的日常用途

蜂蠟是一種來自大自然的奇蹟物質，其取得方式對生態相當友善，加上成分豐富，應用範圍自然廣泛。

1. 天然護膚品：蜂蠟是多種護膚品的基礎成分，例如其保濕效果能修復乾裂的嘴唇，添加蜂蠟更能增加產品的質地穩定性，提升保濕功能。

2. 製作蠟燭：天然蜂蠟製成的蠟燭，燃燒時不會釋放有害物質，並

且具有怡人的蜂蜜香氣。

3. 食物保鮮：可用於製作食品保鮮膜，代替塑膠膜，實現環保包裝；蜂蠟還可塗覆於水果表面，延長保鮮期。

4. 家庭清潔與護理：蜂蠟是製作家具護理蠟的重要材料，用於拋光木製家具，使其恢復光澤。

蜂蠟的工業用途

從美容護膚到家庭清潔，從食品保鮮到工業用途，蜂蠟以其多功能性和可持續性，在現代生活中扮演著越來越重要的角色。而隨著技術進步與研究深入，蜂蠟的未來應用將更加廣泛，成為健康與環保生活的重

新鮮蜂蠟無色透明，待工蜂咀嚼後才開始變混濁，而後經花粉沖脂與蜂膠的交互作用，逐漸變成黃色。

要助力。

1. 藥品製作：用於製作藥膏和栓劑，作為賦形劑和穩定劑。此外，因其特殊成分，蜂蠟在健康產品中的應用正持續擴展：像是活用其增強抗菌與消炎效果，發展特殊醫療需求。或是透過研究蜂蠟與其他天然成分的結合，提升美容產品的功效。

2. 替代塑膠、織物防水處理：可用於處理帆布、皮革等材料，增強其防水性。亦用於包裝材料，減少塑膠污染。

3. 開發環保產品、形塑新能源：可用於製作環保蠟燭、降解包裝材料等，滿足可持續發展需求。此外更開發蜂蠟基材料，作為可再生能源的儲存介質。

蜂蠟的使用方法

美容護膚	居家清潔、食品保鮮	健康護理
❋ 自製潤唇膏：將蜂蠟與椰子油和蜂蜜混合，加熱融化後冷卻成型，製成天然潤唇膏。 ❋ 護膚面膜：將蜂蠟與乳木果油和精油混合，加熱後塗抹於面部，15分鐘後洗淨。	❋ 家具拋光：將蜂蠟與橄欖油混合，塗抹於木製家具表面，拋光後可提升亮度。 ❋ 防水處理：將蜂蠟加熱塗覆於布料或皮革表面，增強其防水性能。 ❋ 包裝膜製作：將蜂蠟融化後塗覆於棉布表面，冷卻後形成可重複使用的食品包裝膜。	❋ 天然咳嗽膏：將蜂蠟與蜂蜜和檸檬汁混合，加熱後冷卻製成止咳蜂漿，每日服用以舒緩喉嚨不適。 ❋ 傷口護理：將蜂蠟與椰子油混合，塗抹於小傷口，有助於消炎與癒合。

資料來源、製表：作者

泉發護唇膏—可食用的純天然護唇膏

　　《香水》這部電影裡,有一種令人難忘的花香萃取法。主角葛努乙前往 18 世紀的法國香水之城—格拉斯當學徒,一次又一次把花朵整齊排列在塗滿油脂的玻璃上,最後刮下油脂,萃取出珍貴的香氣。

　　泉發的護唇膏就是將花瓣貼在特調的蜂蠟上,一層蜂蠟一層花瓣層層疊疊,用最天然的方式,以時間淬煉把最原始的香氣保留下來,這些香膏注入護唇膏罐中,讓你好好呵護細緻的嘴唇。

以古法製成的護唇膏,香氣清雅。

蜂蜜之於生活的妙用

蜂蜜是一種營養豐富且用途廣泛的天然物質，不僅可食用，還可以在日常生活中發揮多種功效。結合蜂蜜及其相關產品（如蜂膠、蜂蠟、蜂王乳等），您可以輕鬆應用於家庭護理、健康保健和美容護膚等領域。以下為您整理了一些蜂蜜及蜂蜜相關產品的實用方法。

1. 燙傷敷料、傷口護理： 蜂蜜具有天然抗菌、抗炎和促進組織修復的特性，是處理小燙傷和傷口的絕佳材料。例如將蜂蜜塗抹於輕微燙傷處，蓋上乾淨的紗布後做成燙傷敷料，每日更換一次，功效奇佳。此敷料具有減輕疼痛，防止感染，促進癒合。

此外，亦可將蜂蜜直接塗抹於傷口表面，然後以無菌紗布覆蓋。蜂蜜中的過氧化氫成分能抑制細菌滋生，加速細胞修復。

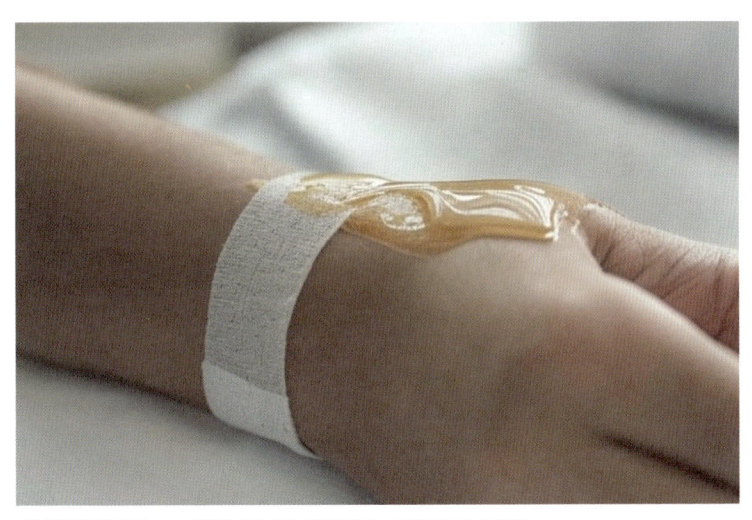

蜂蜜抗菌效果佳，適合用來包覆傷口，促進傷口痊癒。

2. 自製面膜：蜂蜜具有強效的保濕和抗氧化作用，適合製作天然美容面膜。例如將 2 湯匙蜂蜜、1 湯匙的牛奶一同混合均勻做成保濕面膜，塗抹於臉部，靜置 15 分鐘後用溫水洗淨，具備保濕滋潤，改善乾燥肌膚的功效。還有將 1 茶匙蜂蜜、優格，以及 1 茶匙檸檬汁混合後敷於臉部，靜置 10～15 分鐘後洗淨，可有效提亮膚色，減少色斑。

3. 緩解喉嚨不適：蜂蜜是天然的潤喉劑，可用於緩解喉嚨痛或咳嗽。建議可使用將 1 湯匙蜂蜜與適量檸檬汁拌入 200 毫升溫水中，每日飲用 1～2 次，可以幫助你舒緩喉嚨，減少炎症。

4. 改善睡眠品質：蜂蜜中的葡萄糖能促進血清素分泌，幫助放鬆和改善睡眠。例如使用 1 湯匙蜂蜜加入 200 毫升溫牛奶。睡前 30 分鐘飲用，有助於放鬆神經，幫助快速入睡。

5. 食品保存與調味：蜂蜜的天然抗菌特性可以延長食品的保鮮期，並作為健康的天然甜味劑。例如將水果或蔬菜塗上一層蜂蜜後儲存，可延長保鮮期，防止氧化和腐敗。此外也可用於沙拉醬、麵包烘焙和飲品中，增添天然甜味與香氣。

蜂產品的養生調理法─調理腸胃不適

蜂蜜、蜂王乳、蜂子粉、蜂膠與花粉都是大自然的營養寶庫，它們含有豐富的維生素、礦物質、氨基酸與抗氧化物，能夠幫助身體調節各種機能，對腸胃、心血管、精力與婦科健康都有顯著幫助。以下針對不同的身體狀況，提供適合的蜂產品調理法，幫助身體恢復平衡、提升免疫力。

蜂蜜溫和養胃，調整腸道菌叢，促進腸道蠕動；花粉富含膳食纖維

蜂蜜 + 優酪乳：完美的健康搭配！

　　蜂蜜與優酪乳的組合，不僅美味，還是營養學上的黃金搭檔！能夠發揮促進腸道健康、增強免疫力、補充能量的效果，成為最天然的養生食品之一。

　　1. 促進腸道健康，提升消化機能：優酪乳富含益生菌，能幫助維持腸道菌叢平衡，改善消化不良與便秘問題。蜂蜜富含寡糖，是益生菌的「食物」，能幫助好菌增生，使腸道更健康，減少腸胃不適。

　　2. 溫和養胃，減少腸胃刺激：有些人對乳製品較敏感，蜂蜜的天然酵素能幫助分解乳糖，減少腹脹或不適感。而優酪乳中的乳酸菌，搭配蜂蜜的抗菌成分，能幫助修復胃黏膜，對腸胃較敏感的人更友善。

　　3. 增強免疫力，抗氧化效果加倍：蜂蜜含有豐富的抗氧化物質，能幫助對抗自由基，減少身體發炎反應。優酪乳中的益生菌可增強腸道免疫力，降低過敏與感染風險。長期飲用蜂蜜優酪乳，有助於改善體質，讓身體更有抵抗力！

　　4. 提升營養吸收，讓能量更穩定：蜂蜜中的天然果糖與葡萄糖，能提供 即時能量，幫助維持血糖穩定，特別適合早晨或運動後補充。優酪乳的蛋白質與鈣質，搭配蜂蜜後，更容易被人體吸收，能強健骨骼、促進肌肉修復。

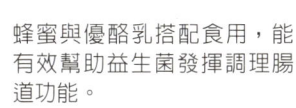

蜂蜜與優酪乳搭配食用，能有效幫助益生菌發揮調理腸道功能。

與益生菌前驅物，幫助消化；蜂膠具有抗菌作用，可改善幽門螺旋桿菌感染。

1.蜂蜜花粉優酪乳（早餐空腹喝）：200毫升無糖優酪乳 + 1湯匙蜂蜜 + 1小匙花粉，攪拌均勻後飲用。這樣的組合能幫助腸胃蠕動，提供益生菌養分，改善便秘與腸胃不適。

2.蜂蜜溫水飲（飯前30分鐘喝）：300毫升溫水（40度以下） + 1湯匙蜂蜜，攪拌後飲用。這有助於減少胃酸過多，修復胃黏膜，適合胃炎、胃潰瘍患者。

3.蜂膠滴劑（幫助抗菌）：每天2至3滴蜂膠滴入100毫升水中，餐後飲用，有助於抑制幽門螺旋桿菌，改善胃部不適與消化不良。

蜂產品的養生調理1─保養心血管系統

蜂蜜促進血液循環，降低壞膽固醇（LDL）；蜂王乳富含生物活性物質，能調節血壓與改善血脂；蜂膠抗發炎、抗氧化，可減少血管內的氧化損傷。

1.蜂王乳蜂蜜飲（每天早晨空腹喝）：1小匙蜂王乳 + 1湯匙蜂蜜 + 300毫升溫水，攪拌均勻後飲用。蜂王乳含有乙醯膽鹼，可幫助穩定血壓，蜂蜜則有助於保護心臟、促進血液循環。

2.蜂膠降脂茶（飯後飲用）：250毫升溫開水 + 2至3滴蜂膠，飯後飲用，可幫助降低膽固醇與防止動脈硬化。

3.花粉堅果燕麥早餐（補充心血管營養）：100克燕麥 + 1湯匙花粉 + 30克堅果 + 1湯匙蜂蜜，加入溫牛奶攪拌食用。花粉含有豐富的多酚與不飽和脂肪酸，能幫助降低血脂與強化心血管功能。

蜂產品的養生調理 2―改善精神不濟

蜂蜜可立即提供能量，緩解疲勞；蜂王乳含有乙醯膽鹼，能提升專注力與記憶力；蜂子粉含豐富蛋白質與胺基酸，增強耐力與體力

1. 蜂王乳活力飲（早餐空腹喝）：1 小匙蜂王乳 + 1 湯匙蜂蜜 + 1 茶匙蜂子粉加 250 毫升溫水，攪拌後飲用。蜂王乳能促進神經系統運作，提高專注力與抗壓能力，蜂蜜則能快速補充能量。

2. 蜂蜜檸檬茶（午間提神）：250 毫升溫水 + 1 湯匙蜂蜜 + 1 湯匙蜂王乳 + 1 茶匙蜂子粉 + 半顆檸檬汁，攪拌均勻後飲用。蜂蜜的天然糖分可穩定血糖，檸檬的維生素 C 則能提升精神狀態，減少疲勞感。

3. 蜂子粉堅果能量棒（下午補充能量）：50 克燕麥 + 1 小匙蜂子粉 + 30 克堅果 + 1 湯匙蜂蜜，混合壓實後冷藏成條狀。蜂子粉富含高蛋白，可幫助提升體力，堅果與蜂蜜提供持久能量，避免精神下滑。

蜂產品的養生調理 3―調理婦科疾病

蜂王乳因富含天然雌激素，可平衡女性荷爾蒙；蜂蜜可養子宮，改善經期不適；另外像花粉則因富含鐵質與礦物質，能緩解貧血與生理期疲勞。

1. 蜂王乳暖宮飲（經期前 7 天飲用）：1 小匙蜂王乳 + 250 毫升溫牛奶或豆漿，攪拌均勻後飲用。蜂王乳的天然激素有助於平衡荷爾蒙，減少經期不適，如經痛、情緒不穩。

2. 蜂蜜紅棗茶（生理期期間飲用）：3 顆紅棗 + 300 毫升熱水燜泡 10 分鐘，加入 1 湯匙蜂蜜，攪拌後飲用。

3. 溫蜂蜜蜂王乳飲：1 湯匙蜂蜜 + 1g 蜂王乳，加入 200ml 溫水，每

天早晨喝，促進循環並調節荷爾蒙。

4. 婦科調理早餐：希臘優格中加入 1 湯匙蜂蜜 + 1 茶匙蜂子粉 + 少量堅果，長期補充營養並抗發炎。

5. 經期舒緩飲：1 湯匙蜂蜜 + 1g 蜂王乳 + 1 茶匙蜂子粉，混入溫薑茶，幫助暖宮和緩解經痛。

總之，蜂蜜、蜂王乳和蜂子粉可以通過補充營養、抗發炎、調節荷爾蒙和提升免疫力，來輔助改善婦科健康。具體效果因人而異，長期規律使用可能更有感。

提升運動效率－蜂蜜（Honey）

蜂蜜含約 80% 的天然糖分（主要是葡萄糖和果糖），能迅速補充血糖，為肌肉提供即時能量。研究顯示，果糖和葡萄糖的組合比單一糖源

精神不濟時來上一杯蜂蜜水，可以有效提神。

更能穩定能量釋放，適合耐力運動。此外因含有酚類化合物和抗氧化劑，能減少運動引起的氧化壓力，減緩疲勞感。最後則是透過微量的鉀、鎂等礦物質，有助於維持水分平衡。

可分為運動前、中、後不同階段來補充。例如可在訓練或比賽前 30～60 分鐘，攝取 1～2 湯匙（約 20～40g）純蜂蜜。可以直接吃，或混入溫水（避免超過 40℃，以免破壞活性成分）。

或於進行長時間耐力運動（如跑步、騎單車）時，每小時補充 1 湯匙蜂蜜，可加入水製成簡單能量飲料，或塗在吐司上快速攝取。最後是在運動後搭配蛋白質（如乳清蛋白粉或希臘優格），攝取 1 湯匙蜂蜜，幫助恢復肝醣。

提升免疫系統─蜂王乳（Royal Jelly）

蜂王乳富含蛋白質、胺基酸（如脯胺酸）和獨特的 10-HDA（10-羥基-2-癸烯酸），這些成分可能促進能量代謝和肌肉修復。動物研究顯示，它能提高耐力並減少乳酸堆積。而人體因運動後免疫力可能短暫下降，這時蜂王乳的維生素 B 群（特別是 B5）和抗菌成分，便可有效支持免疫系統。

建議可於運動前或日常補充。例如每日早晨空腹吃 1～2 小匙（約 1～2g）純蜂王乳，可直接吞服或混入少量溫水／蜂蜜。避免與熱飲搭配，因高溫會破壞活性成分。或是在運動後搭配蜂蜜或蛋白飲品，幫助恢復。

此外，蜂王乳更具備調節神經的作用（可能與乙醯膽鹼相關），有助於減輕精神和身體疲勞。

花粉可以有效緩解運動後的肌肉發炎。

舒緩身體炎症—花粉（Bee Pollen）

蜂花粉含20～30%的蛋白質、碳水化合物、維生素（B群、C、E）、礦物質（鐵、鋅、鎂）和抗氧化劑，被稱為「天然綜合維他命」，這些成分支持肌肉生長和能量代謝。此外，更有研究顯示，蜂花粉可能改善氧氣利用率和紅血球生成，增強耐力運動表現。而其類黃酮和多酚成分，更有助於減輕運動後的肌肉發炎，加速恢復。

建議可於日常補充，例如每天早晨或運動前攝取1～2茶匙（約5～10g）蜂花粉。可直接咀嚼吞服或混入優格、水果昔、蜂蜜中。甚至在運動後亦可用於搭配蛋白質或碳水化合物，幫助恢復體力。

這三種蜂產品能從不同層面提升運動表現：蜂蜜提供即時能量，蜂

王乳增強耐力和恢復，蜂花粉補充全面營養並減少炎症。你可以根據運動類型（力量、耐力或混合）和個人需求調整使用方式。

花粉可作為天然的頭皮滋養劑：促進頭髮健康與生長。花粉富含維生素 B 群、氨基酸和礦物質（如鋅和鐵），能滋養頭皮、強化毛囊，並改善頭皮乾燥或屑症問題。

使用時，將 1 茶匙乾燥花粉與兩湯匙椰子油或橄欖油混合，輕輕按摩塗抹於潔淨的頭皮上，靜置 20 至 30 分鐘後以溫和洗髮精洗淨。每週使用 1 至 2 次，可增強頭髮光澤、減少脫髮，並舒緩頭皮炎症。

大自然的奧秘在於，蜜蜂將植物精華濃縮成花粉，創造出兼具滋養與療癒的天然物質。這種應用不僅彰顯花粉的多功能性，也讓人驚嘆大自然如何透過微小的生態過程，為人類提供頭髮與頭皮的天然護理方案。

蜂蜜及其相關產品（如蜂膠、蜂蠟、蜂王乳）是天然、有效且多用途的生活好幫手。它們不僅能為健康保駕護航，還可應用於護膚、美容、家庭清潔及食品保存等多個領域。透過創新的使用方法，這些大自然的恩賜將為您的生活增添便利與健康。同時，選擇優質的蜂產品，確保使用效果最大化，讓您在日常生活中充分受益於這些天然奇蹟。

蜂蜜入菜的美味、健康及食用細項

Chapter 04

蜂蜜入菜，四季當季料理

蜂蜜不僅是天然的甜味來源，還富含維生素、礦物質與抗氧化物，在料理中能提升風味，帶來健康效益。

無論是製作醬料、醃製食材，或是入湯、入甜點，蜂蜜都能讓料理層次更豐富。

利用蜂蜜來釀製酵素

使用蜂蜜取代糖來製作水果酵素,不僅能增添風味,還能提高營養價值!不過,使用蜂蜜有一些發酵上的小技巧需要注意,方可確保你的酵素發酵成功且風味絕佳!

材料

1. 水果:依季節選擇 1～2 種(約 500g)
2. 天然蜂蜜:水果重量的 1～1.2 倍
   (建議使用純天然蜂蜜,避免人工添加物影響發酵)
3. 無氯水:可用煮沸放涼的水
4. 乾淨玻璃瓶:需消毒並晾乾(發酵過程中避免雜菌影響)

製作步驟

1. 鮭魚醃製：處理水果：水果洗淨完全晾乾（確保無水分殘留），去皮去籽（如適用），切片或塊狀備用。

2. 將蜂蜜與水果交錯疊放：
   - 底層先倒一點蜂蜜，再放一層水果，然後再倒一層蜂蜜，如此反覆。
   - 瓶內填滿約 7～8 分滿，預留空間讓發酵氣體釋放。

3. 輕輕攪拌：用乾淨的木勺或矽膠刮刀稍微攪拌，讓蜂蜜均勻覆蓋水果。

4. 密封發酵：
   - 用透氣布＋橡皮筋輕輕蓋住瓶口，放在陰涼處發酵 7～14 天。
   - 每天攪拌或輕搖一次，讓發酵均勻進行。

5. 過濾存放：
   - 發酵完成後，用濾網濾掉水果渣，只留下酵素液，裝瓶後冷藏保存。
   - 冷藏靜置 1～2 週，風味會更濃郁。

使用蜂蜜發酵的小技巧

- 選用天然蜂蜜！
- 發酵初期會產生小氣泡，屬於正常現象，但若出現異味或變質，請停止使用。
- 發酵時間勿過長，蜂蜜具備一定抗菌性，時間過長恐導致變質。
- 冬天氣溫低，發酵速度變慢，可放在較溫暖的地方（約攝氏 20°C～25°C最適合）。
- 完成後建議稀釋飲用，可加水（或氣泡水）或搭配茶飲！

早起吃蜂製品的四大理由

早晨一杯蔬果飲品是啟動活力與健康的完美選擇，若加入蜂蜜、蜂王乳和蜂花粉，不僅味道更迷人，還能帶來協同的營養效益。特別是果汁中的維生素 C 與蜂王乳搭配，能顯著促進膠原蛋白生成，讓你精神煥發、肌膚光滑。以下是為什麼值得這樣搭配的四大理由。

1. 蜂蜜提供天然能量與防護：蜂蜜富含葡萄糖和果糖，能快速補充早晨所需的能量，讓你一天從活力開始。其抗氧化成分（如酚類化合物）與果汁中的維生素 C 相互增強，清除自由基，為身體和肌膚築起保護網。

2. 蜂王乳提升膠原蛋白效果：蜂王乳含有 10～HDA 和維生素 B 群，能刺激細胞新生，而果汁中的維生素 C 是膠原蛋白合成的關鍵輔助因子。研究顯示，維生素 C 能放大蜂王乳的活性，兩者協同作用，讓皮膚更具彈性、氣色更紅潤，特別適合早晨喚醒美肌。

3. 蜂花粉補充全面營養：蜂花粉被譽為「天然維他命庫」，富含維生素（C、E、B 群）、礦物質（鐵、鋅）和抗氧化劑，能強化膠原蛋白結構並提升整體精力。搭配果汁的維生素 C，它的抗氧化力更上一層樓，讓你整天容光煥發。

4. 三者協同放大健康美感：果汁的維生素 C 不僅本身抗老化，還增強蜂王乳的膠原蛋白促進效果，與蜂花粉的豐富營養形成完美互補。這杯飲品能補充能量、養顏美容、提升免疫，讓你從早晨就散發自信光彩。

蜂製品搭配蔬果，綠拿鐵健康滿分

綠拿鐵以蔬果為基底，是早晨的營養首選，加入蜂蜜、蜂王乳和蜂

花粉後，不僅風味升級，還能帶來多重健康效益。從蛋白質、脂肪到脂溶性維生素，這杯飲品能全面滋養身體，尤其是維生素C與蜂王乳的協同作用，能促進膠原蛋白生成。以下是四大好處。

1. 蜂蜜提供能量、促進脂肪代謝：蜂蜜的葡萄糖和果糖快速補充早晨能量，穩定血糖。其微量類與綠拿鐵中的健康脂肪（如椰奶、酪梨、豆漿、牛奶）搭配，能促進脂肪代謝，讓你活力充沛的同時維持體態輕盈。

一匙蜂蜜就能達到快速提神、恢復體力的效果。

2. 蜂王乳提升膠原蛋白與蛋白質修復：蜂王乳含 10～HDA 和優質蛋白質，與綠拿鐵的維生素C（來自菠菜或奇異果）協同作用，促進膠原蛋白合成，增強肌膚彈性。其胺基酸還能修復組織，與綠拿鐵中的植物蛋白（如菠菜）結合，讓早晨更有滋養力。

3. 蜂花粉補充脂溶性維生素與營養：蜂花粉富含脂溶性維生素（A、E）和蛋白質，與綠拿鐵中的脂肪互助吸收，強化視力、皮膚和免疫功能。它還提供抗氧化劑和礦物質，與綠拿鐵的纖維搭配，全面提升早晨活力。

4. 三者與綠拿鐵協同，滋潤身心：綠拿鐵的維生素 C 放大蜂王乳的膠原蛋白效果，蜂蜜支持脂肪代謝，蜂花粉補充蛋白質與脂溶性維生素（如維生素 E 促進細胞修護）。這組合帶來持久能量、緊緻美肌、強健體質，讓你從早晨就感受到全面的滋潤與健康。

而且以蜂蜜入菜好處很多，例如：

‧蜂蜜雖屬自然甜味，但甜度卻比砂糖高，用量可減少，降低血糖波動。

‧蜂蜜含有獨特的花香與果香，能增強料理層次，特別適合燒烤、醬料、甜點。

‧蜂蜜具有吸濕性，能幫助肉類在醃漬時保水，讓烤雞、燉肉更加柔嫩多汁。

‧天然蜂蜜富含多酚與維生素 C，適量食用有助於提升免疫力，特別適合冬天搭配薑茶、檸檬水。

此外，使用蜂蜜入菜時也要注意以下幾個事項：

‧蜂蜜加熱超過攝氏 60°C 時便會破壞其中的營養成分，甚至可能產生苦味，建議用於最後調味或低溫烹煮。

‧一歲以下嬰兒腸胃道尚未發育完全，可能無法消化蜂蜜中的天然菌種，應避免使用。

‧避免含糖漿或人工添加物的假蜂蜜，請選擇純天然蜂蜜，確保風味與健康效益。

無論是甜點、醃漬、飲品，甚至是醬料，蜂蜜都是料理的百搭法寶，只要掌握使用技巧，就能讓餐桌上的美味更升級！

（左上）養蜂技術日新月異，減輕不少傳統養蜂人的辛勞。

（左下）蜜蜂是大自然最珍貴的禮物，值得被珍惜與善用。

（右上）泉發蜂蜜的養蜂場，天然無污染。

（右下）珍貴的蜂王台。

Chapter 4 蜂蜜入菜，四季當季料理

初春

苦楝蜜

春天萬物復甦，建議可多吃一些鮮綠嫩芽，如蘆筍、甜豆、豆苗之類的食物。豆苗不僅有發散的功能，更可利濕，幫助身體產生陽氣，符合中醫順應時節的養生之道。此外建議可搭配苦楝蜜入菜，苦楝蜜微苦回甘，具有清熱解毒、降火氣的功效，能緩解春季燥熱。

苦楝花蜜富含氨基酸、維生素，促進皮膚癒合，抗衰老，保濕乾燥肌膚，舒緩敏感肌炎症。含印楝素，具消毒、抗菌、消炎功效，對異位性皮膚炎有止癢、舒緩作用。香氣清新，帶花香與木質氣息，口感微結晶、濃稠滑順，入口微苦微甜，溫暖自然。可內服外用，緩解皮膚刺激、疼痛、乾燥，適合乾燥症及易被蚊蟲叮咬者。其抗菌抗炎特性有效治療痤瘡、濕疹、牛皮癬，滋潤肌膚與頭髮，改善血液循環，增添光澤。能控制皮脂，舒緩頭皮癢，減少頭皮屑，養膚效果佳。

菜餚名稱

1. 苦楝蜜草莓酵素
2. 苦楝蜜草莓檸檬飲
3. 苦楝蜜嫩豆苗綠拿鐵
4. 苦楝蜜甜豆涼拌
5. 蜂蜜柑橘烤雞佐蘆筍
6. 蜂蜜草莓巴斯克乳酪蛋糕
   （Honey-Strawberry Basque Cheesecake）

蜂王漿
ROYAL JELLY
新鮮活性蜂王乳
ローヤルゼリー

1	苦楝蜜草莓酵素	草莓洗乾淨，與苦楝蜜分層密封靜置兩週。
2	苦楝蜜草莓檸檬飲	草莓打泥，加入檸檬汁和苦楝蜜、蜂王乳，倒入氣泡水調勻。
3	苦楝蜜嫩豆苗綠拿鐵	嫩豆苗、香蕉、杏仁奶與苦楝蜜、蜂王乳、花粉打勻，微甜滑順。
4	苦楝蜜甜豆涼拌	甜豆焯水後加入檸檬汁與苦楝蜜攪拌，清脆爽口。

花花百寶箱

瑞康屋──行動烤箱

很多人都因為家中收納空間不夠而無法採購烤箱，我則是很不喜歡用烤箱烘烤油脂較多的食材，畢竟噴得到處都是，實在不好清理。這時可以整台拆開清洗的行動烤箱，就是我最好的選擇！體積小，好清理，特別是烤雞腿、牛排速度快效果好，真是花花的好幫手！

5 蜂蜜柑橘烤雞佐蘆筍

春季適合補充維生素 C 來促進肝臟解毒，而柑橘能提供豐富的抗氧化物質。蜂蜜與柑橘汁搭配，不僅能中和柑橘的酸味，還能讓雞肉表面更焦香，且蜂蜜的果糖有助於鎖住雞肉水分，保持肉質多汁。

食材（2 人份）

雞腿排 2 片（約 400g）
蘆筍 8～10 根（去硬皮）
橄欖油 2 匙
鹽、黑胡椒各 1 / 2 匙

醃料

蜂蜜 2 匙
柑橘汁 3 匙（柳橙或檸檬皆可）
蒜末 1 匙
醬油 1 匙
紅椒粉 1 / 2 匙

製作步驟

1. 雞腿醃製：
   - 雞腿去筋膜，以刀背輕拍肉質，使其口感更嫩。
   - 將雞腿與醃料充分按摩，醃製至少 30 分鐘（最佳 2 小時），使味道入味。
2. 蘆筍處理：蘆筍底部切除約 2 公分，刨去粗纖維，滾水汆燙 1 分鐘，撈起瀝乾。
3. 雞腿煎烤：
   - 平底鍋加熱 1 匙橄欖油，將雞皮面朝下，以中小火煎 6 分鐘，直至表皮酥脆金黃。
   - 翻面後再煎 2 分鐘，然後轉移至烤箱，以攝氏 180 ℃烤 12～15 分鐘。
4. 組合與擺盤：雞腿靜置 5 分鐘，切片，搭配蘆筍擺盤，最後淋上少許蜂蜜柑橘醬即可食用。

Tips

- 雞皮先乾煎，讓雞皮內部油脂釋出後再翻面，避免過於油膩。
- 雞肉烤好後靜置 5 分鐘，讓肉汁重新分布，確保口感多汁。

Chapter 4 蜂蜜入菜，四季當季料理

6 蜂蜜草莓巴斯克乳酪蛋糕
（Honey-Strawberry Basque Cheesecake）

這款蜂蜜草莓巴斯克乳酪蛋糕，結合巴斯克乳酪蛋糕的濃郁焦香風味與蜂蜜的天然甜味，搭配新鮮草莓，增添清爽果香，使整體口感更加平衡。草莓的微酸與乳酪的奶香完美結合，讓這款甜點濃郁卻不膩口，是春、夏季最受歡迎的輕乳酪甜點之一！

食材（6吋蛋糕，約4～6人份）

1. 主要材料：
奶油乳酪（CreamCheese）250g
（室溫回溫，切小塊）
蜂蜜 70g
糖 20g（可依個人口味調整）
全蛋 2 顆（室溫）
動物性鮮奶油 120ml
（建議使用 35% 以上脂肪含量）
低筋麵粉 8g（或玉米粉 8g）
檸檬汁 1/2 匙
（提升果香，防止蛋糕過膩）
香草精 1/2 匙（可省略）

2. 新鮮草莓裝飾：
新鮮草莓 8～10 顆（對半切開）
蜂蜜 1 匙（淋面，增加光澤）
糖粉少許（可省略，裝飾用）

製作步驟

1. 準備工作：
- 預熱烤箱至攝氏 200℃，蛋糕模鋪上烘焙紙（讓烘焙紙超出蛋糕模邊緣，以便脫模）。
- 奶油乳酪提前室溫回軟，確保攪拌時更滑順無顆粒。

2. 製作蛋糕麵糊：
- 打發奶油乳酪：奶油乳酪放入攪拌盆，以低速攪拌 2 分鐘，至滑順無顆粒。
- 加入蜂蜜與糖：分次加入蜂蜜與糖，繼續攪拌至完全融合，使甜味均勻分布。
- 加入雞蛋：一顆一顆加入全蛋，每次都充分攪拌，使蛋液與乳酪充分融合，保持細膩質地。
- 加入鮮奶油與香草精：倒入鮮奶油與香草精，以低速攪拌，避免產生過多氣泡。
- 篩入麵粉：低筋麵粉過篩後，輕輕拌勻，使麵糊更細緻滑順。

3. 烘烤蛋糕：
   - 倒入蛋糕模：輕輕敲打蛋糕模 2～3 次，釋放過多氣泡，使蛋糕內部更均勻。
   - 高溫快速上色，低溫慢熟：以攝氏 200℃烘烤 25 分鐘，表面呈現深棕色焦糖狀，中心仍然微晃動。此外若想要更濃郁的焦糖色，可調高至攝氏 220℃烘烤最後 3 分鐘，讓表面更焦香。

4. 冷卻與熟成：
   - 室溫冷卻：烘烤完成後，讓蛋糕在室溫下冷卻 1 小時。
   - 冷藏熟成：冷藏 4 小時以上（最佳 6～8 小時），讓口感更滑順濃郁。

5. 裝飾與完成：
   - 脫模：用熱毛巾輕敷蛋糕模邊緣 10 秒，輕輕脫模。
   - 擺放草莓：新鮮草莓對半切開，均勻擺放在蛋糕表面。
   - 蜂蜜淋面：刷上一層蜂蜜，增加光澤與香氣。
   - 撒上糖粉（可選）：若想要視覺更精緻，可灑少許糖粉點綴。

Tips

避免蛋糕過乾，確保蛋糕內部質地軟滑

- 高溫快速上色，低溫慢熟，讓內部維持柔嫩。
- 不過度攪拌蛋糊，以免麵糊產生過多筋性，影響口感。
- 烘烤完成後靜置降溫，讓蛋糕中心維持濕潤度。
- 烘烤後中心仍然有點晃動，冷藏後才會完全凝固。
- 使用高脂鮮奶油（35% 以上），口感更滑順濃郁。

春末

荔枝蜜

春末夏初時節，天氣開始轉熱，這時的飲食要以清淡為主，配合多喝水、多吃性苦的食物來緩節逐日升高的暑氣。另外再搭配一些典型的養生食物，像是苦瓜、茄子或青花菜等也很好。青花菜富含抗氧化劑，有助於提升免疫力並促進新陳代謝；小黃瓜口感爽脆多汁，可清熱解毒，幫助身體補充水分。最後是富含花青素的茄子，多吃則有助於抗氧化與促進血管健康。

至於選擇的蜂蜜則以荔枝蜜為佳，荔枝蜜香甜不膩，帶有果香，適合滋陰潤燥，幫助改善疲勞與皮膚乾燥。

菜餚名稱

❶ 荔枝蜜鳳梨酵素
❷ 荔枝蜜鳳梨、百香果冰沙
❸ 荔枝蜜青花菜綠拿鐵
❹ 荔枝蜜黃瓜涼拌
❺ 蜂蜜味噌鮭魚佐春筍
❻ 蜂蜜鳳梨司康
　（Honey-Pineapple Scones）

③

⑤

②

⑥

1	荔枝蜜鳳梨酵素	鳳梨與荔枝蜜分層裝罐發酵,加上兩顆酸梅會更美味唷。
2	荔枝蜜鳳梨、百香果冰沙	鳳梨、百香果與椰奶、荔枝蜜、蜂王乳打成冰沙,冰涼消暑。
3	荔枝蜜青花菜綠拿鐵	青花菜、香蕉、豆奶、優酪乳與荔枝蜜、蜂王乳、花粉打勻,營養豐富。
4	荔枝蜜黃瓜涼拌	小黃瓜與鳳梨汁拌荔枝蜜與水果醋,清新爽口。

花花百寶箱

瑞康屋──黑魔法不沾鍋

　　不沾鍋是主婦們的廚房神隊友,因此在廚房常備一個無毒塗層,又能煎出完美酥皮的耐用不沾鍋,真的很重要!採用五層鑄造製作的黑魔法不沾鍋,厚實保溫,能讓花花在廚房做出更美味的好料理。

5 蜂蜜味噌鮭魚佐春筍

春筍含豐富的膳食纖維，能促進腸胃蠕動，而鮭魚富含 Omega-3，有助於保護肝臟與心血管健康。蜂蜜能減少味噌的鹹度，使醬汁更順口，也能幫助魚肉在烘烤時保持濕潤，避免口感乾柴。

食材（2 人份）

鮭魚排 2 片（約 250g）
春筍 1 根（去殼、切片）
鹽 1/2 匙
橄欖油 1 匙

醃料

蜂蜜、醬油、清酒各 1 匙
味噌 2 匙
蒜末 1/2 匙

製作步驟

1. **鮭魚醃製**：在鮭魚表面輕劃 2～3 刀，幫助入味，與醃料混合後靜置 30 分鐘。

2. **春筍處理**：去殼後切片，滾水加少許鹽汆燙 5 分鐘去苦澀，撈起瀝乾。

3. **煎烤鮭魚**：
   - 蓄熱性好的不沾鍋中熱 1 匙橄欖油，將鮭魚皮朝下，中火煎 4～5 分鐘，至表面金黃後翻面，再煎 2 分鐘。
   - 加入剩餘醃料，以小火燉煮 1 分鐘，讓醬汁均勻附著於魚肉表面。

4. **組合與擺盤**：春筍片與鮭魚一起擺盤，最後刷上一層蜂蜜，使魚肉表面更具光澤感。

Tips

- 鮭魚煎至 6～7 分熟後，關火靜置 1 分鐘，利用餘溫讓魚肉熟透，避免過熟變乾。
- 汆燙春筍時加入少許米糠或米水，能去除苦澀味，讓春筍更甘甜。

6 蜂蜜鳳梨司康（Honey-Pineapple Scones）

這款蜂蜜鳳梨司康結合了蜂蜜的天然甜味與鳳梨的微酸果香，外酥內鬆軟的口感，層次豐富。蜂蜜能讓司康更濕潤、不乾澀，鳳梨則增添清爽風味，使這款司康不只適合當早餐，更是搭配下午茶的最佳點心！

食材（6～8 塊司康）

1. 司康麵糰：
低筋麵粉 200g
（可用中筋麵粉代替）
無鋁泡打粉 8g
冷藏無鹽奶油 60g（切小塊）
糖 15g（可依口味調整）
蜂蜜 30g
鮮奶 50ml
蛋黃 1 顆；香草精 1／2 匙
（可省略）

2. 鳳梨內餡：
鳳梨 100g（切細丁）
蜂蜜 20g
檸檬汁 1／2 匙（提升果香）
玉米粉 5g（增加稠度）

製作步驟

1. 製作鳳梨內餡：
- 處理鳳梨：鳳梨去皮、切細丁。
- 熬煮內餡：醬料鍋中加入鳳梨丁、蜂蜜、檸檬汁，開中小火煮約 5～7 分鐘，至鳳梨出水且變軟。
- 加入玉米粉，攪拌均勻，煮至稍微濃稠後關火，放涼備用。

2. 製作司康麵糰：
- 準備麵粉與奶油：低筋麵粉與泡打粉過篩，加入切小塊的冷藏奶油，放入超級調理盒打到鬆鬆的粗粉狀（或用指尖輕搓成粗粒狀，類似麵包粉質地）。
- 混合濕性材料：另取一碗，混合蛋液、蜂蜜、鮮奶、香草精，攪拌均勻。

3. 組合麵糰：
- 將濕性材料倒入麵粉混合物中，打到無乾粉狀態（或用刮刀輕柔攪拌，不要過度揉捏，以免影響酥鬆口感。）
- 加入放涼的鳳梨餡，輕輕拌勻（避免完全拌開，保留果肉的層次感）。

4. 整形與烘烤：
   - 整形成圓形麵糰：將麵糰放置於撒粉的檯面上，輕壓成厚約 2 公分的圓形。再用刀切成 6～8 份（如披薩狀），或用圓形模具壓出形狀。
   - 靜置冷藏：放入冰箱冷藏 20 分鐘，讓麵糰更穩定，烘烤時確保層次更明顯。
   - 烘烤：預熱烤箱至攝氏 200℃，烘烤 18～20 分鐘，至表面金黃即可。

5. 上色與裝飾：
   - 蜂蜜光澤刷面（可選）：烘烤完成後，趁熱刷上一層蜂蜜，讓表面更加光澤、香氣更濃郁。
   - 撒上杏仁片或糖粉（可酌量）：增加口感層次與視覺美感。

Tips

如何讓司康的口感更酥鬆？

- 奶油要冷藏，烘烤時會形成空氣層，使司康更鬆軟。
- 不要過度攪拌麵糰，只要材料成團即可，避免產生過多筋性。
- 冷藏 20 分鐘後再烘烤，可讓層次更加明顯。

初夏

龍眼蜜

時節進入夏天，天氣一天比一天炎熱，這時若透過攝取當令飲食，可以幫助緩解暑氣和燥熱，同時祛除心火，達到「養心入靜、清熱利水」的成效。

選擇龍眼蜜入菜，除了濃郁的龍眼香氣之外，更有益心脾、補氣血的作用，達到養血安神、開胃益脾、清熱潤燥，養顏補中之功效，尤其適宜女性朋友食用。

龍眼蜜具有獨特風味且香氣濃郁，深受大眾喜好，幾乎是消費者選購蜂蜜時的首選。使用蜂蜜入菜時，可搭配清熱解毒，富含維生素C且可幫助降低血糖的苦瓜。或是食用絲瓜來潤肺化痰，消暑解渴。甚至可多多食用色彩豐富的甜椒，其富含維生素C，可幫助提升免疫力。

菜餚名稱

1. 龍眼蜜蔬果酵素
2. 龍眼蜜薄荷檸檬飲
3. 龍眼蜜苦瓜綠拿鐵
4. 龍眼蜜絲瓜涼拌
5. 蜂蜜檸檬烤蝦佐絲瓜
6. 蜂蜜百香果磅蛋糕
（Honey-Passion FruitPound Cake）

❶

❷

❺

❸

1	龍眼蜜蔬果酵素	洗乾淨加龍眼蜜分層密封發酵，加上兩顆酸梅會更美味唷。
2	龍眼蜜薄荷檸檬飲	薄荷加檸檬汁與龍眼蜜、蜂王乳調味，冰涼解渴。
3	龍眼蜜苦瓜綠拿鐵	苦瓜與香蕉、優酪乳和龍眼蜜、蜂王乳、花粉打成健康飲品。
4	龍眼蜜絲瓜涼拌	絲瓜焯水切片，淋上蒜末與龍眼蜜混合的醬料調味，清涼爽口。

花花百寶箱

花花最愛的熬煮好幫手：休閒鍋

休閒鍋是花花煮果醬的神隊友，極佳的悶燒功能可以有效率的節省能源，不需顧火，不怕燒焦，悶夠時間再取出稍微收汁到濃稠就可以完成果醬。平常煮湯特別會用休閒鍋，他保溫效果好，讓煮婦在料理時不用重複加熱料理，回家就可以喝到熱騰騰的湯！

5 蜂蜜檸檬烤蝦佐絲瓜

夏季氣溫高，因此要多補充水分含量高的食材。絲瓜富含天然的植物膠質，能幫助清熱解暑、保護腸胃，蝦子則是高蛋白低脂的海鮮，適合夏季補充能量。而蜂蜜與檸檬的完美組合，既可減少蝦子的腥味，提升清爽感，同時也能讓烤蝦表面微焦、帶有光澤感。

食材（2 人份）

草蝦或大蝦 6 隻（去殼留尾）
絲瓜 1 條（去皮切片）
橄欖油 1 匙
鹽 1／2 匙

醃料

蜂蜜 2 匙
檸檬汁 3 匙
蒜末 1 匙
黑胡椒 1／2 匙
橄欖油 1 匙

製作步驟

1. **醃製蝦子：**
   - 蝦去殼開背，去腸泥，用清水沖洗乾淨。
   - 用蜂蜜、檸檬汁、蒜末、黑胡椒與橄欖油拌勻，醃 15 分鐘使蝦入味。

2. **烤蝦：** 烤箱預熱至攝氏 200°C，將醃好的蝦放在烤盤上，烤約 8～10 分鐘，表面微焦即可。

3. **絲瓜處理：** 絲瓜去皮，切片，鍋中加熱 1 匙橄欖油，快炒 2 分鐘，加鹽調味，保持爽脆口感。

4. **組合與擺盤：** 絲瓜鋪底，擺上烤好的蝦，最後淋上剩餘的蜂蜜檸檬醬，即可享用。

Tips

- 烤蝦時間不要超過 10 分鐘，以免蝦肉肉質變硬。
- 絲瓜不要炒太久，2 分鐘即可，保持水分與爽脆口感。

6 蜂蜜百香果磅蛋糕（Honey-Passion FruitPound Cake）

這款蜂蜜百香果磅蛋糕口感濕潤紮實，蜂蜜的天然甜味與百香果的酸香融合，使蛋糕層次豐富、風味獨特。蜂蜜能讓蛋糕保持濕潤不乾口，而百香果的微酸則能中和甜味，使整體更加平衡，適合當早餐或下午茶點心！

食材（6～8塊司康）

1. 磅蛋糕體：
低筋麵粉 150g
無鋁泡打粉 5g
無鹽奶油 100g（室溫軟化）
蜂蜜 60g
糖 40g（可依個人口味調整）
雞蛋 2顆（室溫）
百香果果泥 60ml（約2顆百香果）
牛奶 30ml
檸檬汁 1匙（增添清香）
香草精 1/2匙（可省略）

2. 蜂蜜百香果糖漿（淋面）：
百香果果泥 30ml（約1顆百香果）
蜂蜜 20g
水 15ml

製作步驟

1. 預熱烤箱：預熱至攝氏170°C，磅蛋糕模內部鋪上烘焙紙。

2. 奶油提前室溫軟化，確保攪拌時順滑。

3. 製作蛋糕麵糊：
   - 打發奶油與糖類：用打蛋器將無鹽奶油、糖打發至顏色變淺、體積膨鬆（約3～4分鐘）。再加入蜂蜜，繼續攪拌1分鐘，讓甜味更均勻分布。
   - 分次加入雞蛋：一次加入一顆雞蛋，攪拌均勻後再加第二顆，確保完全融合。
   - 加入百香果與香料：倒入百香果果泥、檸檬汁、香草精，攪拌至均勻。
   - 加入粉類與牛奶：低筋麵粉與泡打粉過篩，分2～3次加入麵糊中。
   - 與牛奶交替加入，輕柔攪拌至無乾粉即可，不要過度攪拌，以免影響蓬鬆口感。

4. 烘烤蛋糕：
   - 倒入蛋糕模：倒入麵糊後，輕敲蛋糕模 2～3 下，釋放過多氣泡，使蛋糕組織均勻。
   - 烘烤：放入預熱至攝氏 170℃的烤箱，烘烤 40～45 分鐘，至表面金黃，竹籤插入不沾黏即可。若表面過早上色，可在最後 15 分鐘蓋上鋁箔紙，避免烤焦。
5. 製作蜂蜜百香果糖漿（淋面）：
   - 休閒鍋加熱蜂蜜與百香果果泥，加入水，小火煮至微滾（約 2～3 分鐘）。
   - 關火，放入休閒鍋外鍋保溫融合 2 小時，再次取出鍋子煮 2～3 分鐘，確認濃稠度剛剛好就完成了。
6. 上色與裝飾：
   - 蛋糕出爐，放涼 10 分鐘，再從蛋糕模取出。
   - 趁蛋糕微溫時，均勻刷上蜂蜜百香果糖漿，讓蛋糕吸收果香與濕潤度。
   - 擺上新鮮百香果果粒（可選），或灑上少許糖粉增添美感。

Tips

確保蛋糕組織細膩

- 奶油需完全打發，確保氣泡均勻，使蛋糕鬆軟不塌陷。
- 蛋液分次加入，避免油水分離，影響蛋糕質地。
- 粉類與牛奶交替加入，保持麵糊濕潤度，避免乾硬。

夏末

烏臼蜜

夏季養生，水是非常重要的一環，人體百分之七十都是由水分所構成，尤其是夏天易傷津液，適時補充水分尤其重要。除水之外，也可多吃一些蔬果、海帶，補充流失的水份與溶解於水中的無機鹽類。而我們也可以選擇茄子，其富含花青素，有助於抗氧化與降血壓。玉米膳食纖維量多，可幫助腸胃蠕動，補充能量。四季豆含鐵質與蛋白質，更是改善貧血並增強免疫力的好食物。

而除了消暑、補充營養，我會選擇烏臼蜜來入菜，這款蜂蜜帶有淡淡的木質香氣，具有解暑降火的效果，最適合入菜調味，達到滋補養生，促進血液循環的功用。

菜餚名稱

❶ 烏臼蜜香水檸檬酵素
❷ 烏臼蜜檸檬氣泡飲
❸ 烏臼蜜青花菜綠拿鐵
❹ 烏臼蜜四季豆涼拌
❺ 蜂蜜醬燒雞腿排佐蜂蜜烤茄子
❻ 烏臼蜜巴伐利亞蛋糕
　（Honey-Bavarian Cream Cake）

Chapter 4 蜂蜜入菜，四季當季料理

95

1	烏臼蜜香水檸檬酵素	檸檬片與烏臼蜜分層密封發酵。
2	烏臼蜜檸檬氣泡飲	檸檬果肉打泥,加烏臼蜜、蜂王乳與氣泡水,清甜爽口。
3	烏臼蜜青花菜綠拿鐵	青花菜與香蕉、優酪乳及烏臼蜜、蜂王乳、花粉打勻,健康豐富。
4	烏臼蜜四季豆涼拌	四季豆拌蒜泥、鹽、淡色醬油與烏臼蜜,風味獨特。

花花百寶箱

花花的廚房好幫手:Bamix

　　甜點師傅一定要有的瑞士原裝攪拌棒 Bamix,絕對是做甜點最需要的神器!打發巴伐露亞奶油餡只要 1 分鐘,又快又好!Bamix 的配件很多,不同的配件可以切絲切片、打發、磨粉、打醬,一台機器可以有 14 種變化功能,是花花在廚房不能缺少的好幫手!

5 蜂蜜醬燒雞腿排佐蜂蜜烤茄子

秋葵富含維生素 C 與黏液蛋白，能保護腸胃、降溫消暑，適合夏季容易胃脹氣或食慾不振的人。雞腿排醃製後煎至焦香，再用蜂蜜醬汁燉煮，使雞肉軟嫩、入口即化，是一道既開胃又能補充體力的夏季料理！

食材（2 人份）

雞腿排 2 片
秋葵 6 根（切段）
橄欖油 1 匙
鹽 1／2 匙

醃料

蜂蜜 2 匙
醬油 1.5 匙
蒜末 1 匙
米酒 1 匙

製作步驟

1. **雞腿排醃製：**
   - 雞腿排用叉子輕戳表面，讓醃料滲透。
   - 加入蜂蜜、醬油、蒜末與米酒，醃製至少 30 分鐘。

2. **雞腿排煎製：**
   - 平底鍋熱油，雞皮面朝下，以中火煎 6 分鐘，至表面焦香，再翻面煎 3 分鐘。
   - 倒入剩餘醃料，加 3 匙水，小火燜煮 5 分鐘，使醬汁濃縮。

3. **秋葵處理：** 秋葵滾水汆燙 1 分鐘，撈起瀝乾，加鹽拌勻。

4. **組合與擺盤：** 春筍片與鮭魚一起擺盤，最後刷上一層蜂蜜，使魚肉更具光澤感即可。

Tips

- 煎雞腿時不要頻繁翻動，讓表皮均勻受熱，呈現金黃酥脆狀態。
- 燜煮時加入少許水，能讓醬汁更好吸附在雞肉上，增添風味。

6 烏臼蜜巴伐利亞蛋糕（Honey-Bavarian Cream Cake）

這是一款輕盈柔滑、帶有細緻奶香與蜂蜜香氣的法式甜點。巴伐利亞奶油（BavarianCream）是一種介於慕斯與布丁之間的口感，搭配濕潤的蛋糕體，口感綿密滑順，入口即化。蜂蜜的天然甜味讓整體風味更溫潤，與鮮奶油的細膩質地完美結合！

食材（6～8塊司康）

1. 蜂蜜蛋糕體：
低筋麵粉 60g
無鹽奶油 20g（融化）
蜂蜜 30g
糖 20g
雞蛋 2 顆（室溫）
牛奶 20ml
香草精 1／2 匙（可省略）

2. 烏臼蜜巴伐利亞奶油餡
（Bavarian Cream）：
牛奶 200ml
蛋黃 2 顆
蜂蜜 40g
玉米粉 10g
香草精 1／2 匙（可省略）
吉利丁片 2 片
（約 4g，或吉利丁粉 4g）
鮮奶油 200ml（打發至 7 分發）

3. 裝飾（可選）：
蜂蜜 1 匙（淋面）
新鮮水果
（藍莓、覆盆子、葡萄）
薄荷葉（裝飾）

製作步驟

1. 作蜂蜜蛋糕體：
   - 準備工作：烤箱預熱至攝氏 170℃，蛋糕模鋪上烘焙紙。牛奶加熱至微溫（約攝氏 40℃），與蜂蜜、融化奶油混合。
   - 打發雞蛋：雞蛋與糖一起打發，使用電動打蛋器高速打發 5 分鐘，至濃稠且可劃出明顯紋路。再以轉低速攪拌 1 分鐘，讓氣泡更細緻。
   - 混合麵糊：篩入低筋麵粉，用刮刀輕柔拌勻，避免消泡。之後取一小部分麵糊，與奶油蜂蜜牛奶混合，再倒回主麵糊中攪拌均勻。
   - 烘烤：倒入蛋糕模，輕敲幾下釋放大氣泡，放入烤箱以攝氏 170℃烘烤 20～25 分鐘，至表面金黃且竹籤插入無沾黏。取出放涼，待完全冷卻後橫切成兩片，備用。

2. 製作烏臼蜜巴伐利亞奶油餡：
   - 泡軟吉利丁：吉利丁片泡冰水 5 分鐘使其軟化，瀝乾備用（若用吉利丁粉，則用 2 倍量冷水泡 5 分鐘）。
   - 加熱牛奶：牛奶與蜂蜜混合，加熱至約攝氏 60℃（勿煮沸），關火備用。

- 製作蛋黃糊：蛋黃與玉米粉混合，用攪拌棒打至濃稠，慢慢倒入溫熱牛奶，邊倒邊攪拌避免結塊。加熱至濃稠後倒回鍋中，以中小火加熱並不斷攪拌，煮至濃稠（約攝氏 82°C），關火。再加入泡軟的吉利丁拌勻，使其完全融化。
- 冷卻與拌入鮮奶油：倒入碗中，蓋保鮮膜貼緊表面，放涼至室溫。之後取出冷藏用攪拌棒打發至 7 分發的鮮奶油（提起有彎鉤狀），輕柔拌入冷卻的蜂蜜蛋奶糊，使其均勻融合。

3. 組裝蛋糕：
   - 蛋糕切片與組合：取一片蛋糕放入蛋糕模底部，倒入一半的蜂蜜巴伐露亞奶油餡，抹平。放上第二片蛋糕，再倒入剩餘的奶油餡，抹平表面。
   - 冷藏定型：放入冰箱冷藏 4 小時以上（最佳 6 小時），讓巴伐露亞餡凝固。

4. 裝飾與完成：
   - 脫模：用熱毛巾輕敷蛋糕模邊緣 10 秒，輕輕脫模。
   - 淋面與裝飾：表面刷上一層蜂蜜，擺上時令新鮮水果裝飾。

Tips

- 加熱牛奶時不要煮沸，蛋黃與牛奶混合時需慢慢倒入並持續攪拌，避免巴伐露亞奶油結塊。
- 蛋黃煮至攝氏 82°C 最剛好，若過熟，容易結塊變顆粒狀。
- 組裝蛋糕前，蛋糕片可刷蜂蜜糖液（1 匙蜂蜜 +2 匙白開水），增加濕潤度。

初秋

紅柴蜜

紅柴蜜帶有焦糖般的香氣，甜度適中，富有木質芳香。它具有潤肺養胃、增強免疫力的效果，適合初秋補充體力。紅柴蜜主要採自紅柴樹花期，蜜源有限，格外珍稀，常用於濃湯或甜點中增香。

根據《黃帝內經》秋季養生原則，秋季飲食以滋潤、酸味、甘味為主，養肺兼顧脾胃，不妨多喝水，適量食用水梨、百合、蓮子、白木耳、蜂蜜、檸檬、南瓜、山藥、柳橙。避免辛辣、燥熱例如辣椒、煎、炸、洋芋片等食物。像是栗子富含膳食纖維與澱粉，能健脾養胃、促進消化。而南瓜含有大量 β～胡蘿蔔素，可增強免疫力並保護視力。最後則是含抗氧化劑與維生素 C 的小尖兵花椰菜，最是能夠提升免疫力。

菜餚名稱

1. 紅柴蜜葡萄酵素
2. 紅柴蜜南瓜綠拿鐵
3. 紅柴蜜涼拌花椰菜
4. 蜂蜜栗子燉豬肋排
5. 蜂蜜葡萄塔
   （Honey-CustardGrape Tart）

1	紅柴蜜葡萄酵素	葡萄加入紅柴蜜密封靜置兩週，攪打均勻，滋潤暖胃。
2	紅柴蜜南瓜綠拿鐵	南瓜泥與香蕉、杏仁奶、紅柴蜜、蜂王乳打成潤燥補水飲品。
3	紅柴蜜涼拌花椰菜	花椰菜焯水，與蒜末、蘋果醋和紅柴蜜、蜂王乳、花粉攪拌，清新解膩。

花花百寶箱

花花的廚房神隊友：金典壓力鍋

金典壓力鍋是花花在廚房省時省事的好幫手，一個小時才能完成的料理，壓力鍋只需要十分鐘，大大縮短料理時間！利用這個金典壓力鍋，煮豬肋排只要 10 分鐘，燉煮省時高效率，真的是主婦好幫手！

4 蜂蜜栗子燉豬肋排

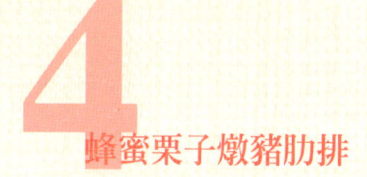

秋天氣候變乾燥，容易引發肺燥與疲勞，栗子含有豐富的膳食纖維與維生素 B，有助於補腎健脾、增強免疫力。豬肋排富含膠原蛋白，能讓皮膚保持彈性，適合秋冬滋補。蜂蜜能平衡栗子的甜味，讓燉排骨的醬汁更濃郁順口，並有助於軟化豬肉纖維，使口感更加細緻。

食材（2 人份）

豬肋排 500g（切塊）
栗子 100g（去殼去膜）
老薑 5 片
八角 1 顆
醬油 2 匙；米酒 2 匙
水 100ml
鹽 1 / 2 匙

醃料

蜂蜜 2 匙
醬油 1 匙

製作步驟

1. **豬肋排汆燙**：豬肋排冷水入鍋，加入薑片與少許米酒，煮沸後撈去浮沫，撈起瀝乾。

2. **炒香栗子**：
   - 栗子去殼後，用熱水泡 10 分鐘，輕輕搓去外膜。
   - 鍋中加熱少許油，炒香栗子，備用。

3. **燉煮豬肋排**：
   - 寬口壓力鍋熱鍋後加少許油，放入薑片、八角炒香，加入豬肋排翻炒至表面微焦。
   - 加入醬油、米酒、水，蓋上壓力鍋，上壓後改轉小火煮 10 分鐘。（如果用鑄鐵鍋，水份要增加到 500ml，燉煮 50～60 分鐘）。

4. **加入蜂蜜與栗子**：完成後，加入蜂蜜與栗子，繼續收汁 3 分鐘，直到醬汁濃縮，豬肋排入味（若是一般鍋子，則需要收汁 15 分鐘）。

5. **組合與擺盤**：豬肋排與栗子擺盤，淋上燉煮醬汁，即可享用。

Tips

- 栗子先炒香可讓香氣更濃郁，避免燉煮後口感過於鬆散。
- 燉煮過程中不要頻繁翻動，以免豬肋排散開，影響口感。

5 蜂蜜葡萄塔（Honey-CustardGrape Tart）

這款蜂蜜葡萄塔以酥脆塔皮為基底，搭配蜂蜜卡士達內餡，再鋪上新鮮葡萄，呈現豐富的層次感。蜂蜜取代部分糖製作卡士達醬，讓甜點更加溫潤滑順，減少精製糖的使用，提升整體口感與營養價值！

食材（6吋塔模，約3～4人份）

1. 塔皮：
低筋麵粉 150g
無鹽奶油 75g（冷藏，切小塊）
糖粉 20g
蛋黃 1 顆
冰水 15ml
鹽 1g

2. 蜂蜜卡士達醬：
牛奶 250ml
蛋黃 2 顆
蜂蜜 40g
玉米粉 15g
香草精 1／2 匙（可省略）
無鹽奶油 15g（增添滑順感）

3. 葡萄內餡與裝飾：
新鮮葡萄 10～12 顆
（紅葡萄或綠葡萄皆可）
蜂蜜 1 匙（用來刷表面，增加光澤）
杏仁碎 10g（增添口感，可省略）

製作步驟

1. 製作塔皮：
- 製作麵糰：低筋麵粉、糖粉、鹽過篩，加入冷藏奶油，用指尖搓成粗粒狀（類似麵包粉質地）。加入蛋黃與冰水，輕柔揉成麵糰，不要過度攪拌，以免塔皮變硬。
- 冷藏鬆弛：麵糰用保鮮膜包好，冷藏30 分鐘，使筋性放鬆。
- 平與烘烤：取出麵糰，成約 3mm 厚，鋪入塔模，修整邊緣，底部用叉子叉洞防止膨脹。預熱烤箱至攝氏170°C，塔皮鋪上烘焙紙與重石，烘烤15 分鐘，取出重石後再烤 5 分鐘，至微金黃色即可，放涼備用。

2. 製作蜂蜜卡士達醬：
- 加熱牛奶：鍋中倒入牛奶，以中小火加熱至邊緣微滾（不需煮沸），關火備用。
- 混合蛋黃與蜂蜜：取一碗，將蛋黃、蜂蜜、玉米粉混合，攪拌至光滑無顆粒。

- 調和溫度：分次倒入加熱過的牛奶（約 1／3 量），迅速攪拌，避免蛋黃受熱凝固。之後再倒回鍋中，以中火持續攪拌，至濃稠狀態（約 2～3 分鐘）。
- 完成與冷卻：關火，加入無鹽奶油與香草精拌勻，使卡士達更滑順。之後倒入碗中，蓋上保鮮膜（貼緊表面，防止結皮），放涼後冷藏 30 分鐘。

3. 組裝與裝飾：
   - 填充內餡：取出冷卻的蜂蜜卡士達醬，均勻填入塔皮中，抹平表面。
   - 擺放葡萄：葡萄對半切開（可去籽），均勻擺放在卡士達內餡上。
   - 刷蜂蜜：用刷子在葡萄表面輕刷一層蜂蜜，讓塔面更有光澤，也能幫助葡萄固定。
   - 撒上杏仁碎（可選）：增加酥脆口感，提升層次感。

Tips

- 揉麵糰時不要過度攪拌，避免塔皮縮水，確定塔皮有充分冷藏再烘烤。
- 加熱蜂蜜卡士達醬時要不斷攪拌，預防結塊，確保口感細緻滑順。
- 葡萄可提前冷凍 10 分鐘，讓口感更清脆，增添層次。

Chapter 4 蜂蜜入菜，四季當季料理

秋末

野蜂蜜

特選野蜂蜜是泉發銷售 106 年的招牌蜂蜜，由蜜蜂採自天然豐富的四季野花，氣味清香、口感溫潤，富含維他命及多種礦物質，是傳承百年不變的嚴選好味道。採於百花叢中，匯百花之精華，集百花之大全。清香甜潤，營養滋補，具蜂蜜之清熱、補中、解毒、潤燥、收斂等功效，常食用可以提高青少年的免疫力，助長發育、增強記憶、可以預防和糾正兒童的貧血。

花花在此選用富含維生素 A，增強視力與免疫力的紅蘿蔔。並且利用地瓜含有天然糖分與膳食纖維，有助補充能量與改善腸胃健康的特點。再搭配富含鐵質與維生素 K 的菠菜，希望能幫助大家在秋末時節，達到補血並促進骨骼健康的食療訴求。

菜餚名稱

① 野蜂蜜蘋果酵素
② 野蜂蜜蘋果飲
③ 野蜂蜜菠菜綠拿鐵
④ 野蜂蜜涼拌蓮藕
⑤ 蜂蜜南瓜燉雞
⑥ 蜂蜜蘋果肉桂捲
（Honey-Apple CinnamonRolls）

1	野蜂蜜蘋果酵素	蘋果片加入野蜂蜜，密封靜置兩週，促進腸胃消化。
2	野蜂蜜蘋果飲	蘋果片、檸檬片，加入野蜂蜜、水、蜂王乳攪打均勻，酸甜開胃。
3	野蜂蜜菠菜綠拿鐵	菠菜與香蕉、杏仁奶、野蜂蜜、紅棗、蜂王乳、花粉打成細滑補血飲品。
4	野蜂蜜涼拌蓮藕	蓮藕切片加入白醋、糖煮2分鐘，放涼加入薑末、辣椒末與野蜂蜜攪拌均勻。

花花百寶箱

花花的廚房好幫手：2.5 公升壓力鍋

特別是煮南瓜、馬鈴薯、地瓜時，花花一定會選用瑞康屋壓力鍋，因為壓力鍋可以讓南瓜、地瓜、馬鈴薯煮軟又不會糊爛，烹煮時間只要 1／5，煮得又快又好！

5 蜂蜜南瓜燉雞

南瓜含有豐富 β～胡蘿蔔素，能潤肺養胃，預防秋燥，也是秋冬養生的超級食材。雞肉容易消化吸收，搭配蜂蜜燉煮後，整體風味溫潤香甜，適合秋天的日常補養！調入蜂蜜能使南瓜甜味更加突出，燉煮時還能讓雞肉更嫩。

食材（2 人份）

雞腿肉 400g（切塊）
南瓜 300g（去皮切塊）
洋蔥 1／2 顆（切絲）
醬油 1 匙
米酒 1 匙
水 100ml
鹽 1／2 匙

醃料

蜂蜜 1.5 匙
醬油 1 匙

製作步驟

1. **雞肉炒香**：壓力鍋熱鍋後加少許油，放入雞肉塊，煎至表面微焦。

2. **加入配料燉煮**：加入洋蔥炒香，再倒入醬油、米酒、水，煮滾。

3. **加入南瓜與蜂蜜**：加入南瓜與蜂蜜，蓋上壓力鍋蓋上壓轉小火煮 3 分鐘（一般鍋子水量要 500ml，小火燉煮 20 分鐘）開蓋後，煮到湯汁濃縮。

4. **組合與擺盤**：將燉好的雞肉與南瓜盛盤，淋上湯汁，即可享用。

Tips

- 南瓜不要燉太久，以免變成泥狀，影響口感。
- 雞肉可先煎至表面上色，能鎖住肉汁，使燉煮後仍保持嫩口感。

6. 蜂蜜蘋果肉桂捲（Honey-Apple CinnamonRolls）

這款蜂蜜蘋果肉桂捲，完美融合蜂蜜的溫潤甜味、蘋果的清香與肉桂的濃郁香氣，麵包口感鬆軟濕潤，搭配濃郁的蜂蜜肉桂糖餡與蘋果內餡，讓每一口都充滿幸福感。這道甜點適合作為早餐、下午茶點心或節慶佳品，特別適合秋冬季節時食用！

食材（12 顆肉桂捲）

1. 麵團：
高筋麵粉 300g
速發酵母 5g（約 1 小匙）
牛奶 150ml（微溫約攝氏 38°C）
蜂蜜 40g
糖 20g
無鹽奶油 40g（室溫軟化）
雞蛋 1 顆（室溫）
鹽 1 / 2 小匙

2. 蜂蜜蘋果肉桂餡：
蘋果 1 顆（中型，切小丁）
蜂蜜 40g；肉桂粉 5g（約 1 小匙）
細砂糖 40g；無鹽奶油 40g（軟化）
玉米粉 1 小匙（幫助內餡更濃稠）

3. 蜂蜜肉桂糖漿（淋面）：
蜂蜜 30g
鮮奶油（或牛奶）30ml
奶油 10g（融化）
肉桂粉 1 / 2 小匙

製作步驟

1. 製作麵團：
- 混合液體材料：牛奶加熱至攝氏 38°C（微溫，不可超過攝氏 45°C），加入酵母、蜂蜜、糖，攪拌後靜置 5 分鐘，讓酵母活化（表面會產生泡沫）。
- 揉製麵糰：高筋麵粉放入 Bamix 萬用料理盒，倒入活化後的酵母牛奶液，加入蛋與鹽，攪拌至無乾粉狀態。
- 加入軟化奶油，攪打一分鐘，直到麵糰表面光滑且具延展性。（若是手揉需要揉麵 10 ～ 12 分鐘）
- 蓋上保鮮膜，進行第一次發酵 60 ～ 90 分鐘，至麵糰膨脹 2 倍大。

2. 製作蜂蜜蘋果肉桂餡：
- 煮蘋果餡：小鍋加熱奶油，加入蘋果丁，中小火炒至微軟（約 3 分鐘）。再加入蜂蜜、細砂糖、肉桂粉拌勻，繼續炒至蘋果變透明、醬汁微濃稠（約 5 分鐘）。最後加入玉米粉攪拌均勻，關火放涼備用。

- 製作肉桂糖奶油：在小碗中混合軟化奶油、肉桂粉、細砂糖，拌成光滑的肉桂糖醬。

3. 整形與捲製肉桂捲：
    - 開麵糰：發酵完成的麵糰取出，放在撒粉的檯面上，成約 30×40cm 的長方形。
    - 塗抹內餡：均勻抹上肉桂糖奶油，再鋪上炒好的蜂蜜蘋果餡（留 2 公分邊緣不塗抹，方便捲起）。
    - 捲起切分：從長邊開始捲起，捲成一條長條狀，收口朝下。依序切成 12 等份（每片約 3～4cm），排入烤盤，留出適當間距，蓋上保鮮膜進行第二次發酵 40～50 分鐘，至 1.5 倍大。

4. 烘烤肉桂捲：
    - 預熱烤箱至攝氏 180℃，烘烤 18～22 分鐘，至表面金黃即可。
    - 出爐後稍微放涼 5 分鐘，準備淋面糖漿。

5. 製作蜂蜜肉桂糖漿（淋面）：
    - 加熱蜂蜜與鮮奶油：小鍋加熱蜂蜜、鮮奶油與融化奶油，以小火拌勻，煮至微濃稠（約 2 分鐘）。最後撒入肉桂粉，攪拌均勻。
    - 淋在肉桂捲上：用湯匙將蜂蜜肉桂糖漿均勻淋在微溫的肉桂捲上，使其充分吸收糖漿。

Tips

- 捲製時可稍微拉緊，確保層次清晰。
- 切割時使用鋒利刀具，或用無味的牙線繞住麵糰後收緊切開，能避免壓扁麵糰。
- 肉桂粉與蜂蜜搭配，能帶出更多層次的甜味與香氣。
- 炒蘋果餡時加一點檸檬汁，能增強果香，使口感更加清爽不膩。

入冬

咸豐草蜜

咸豐草可說是蜂蜜界的天然消炎藥，養肝、抗病毒效果極佳！蜜香氣濃烈，具有滋陰潤肺、促進睡眠與增強免疫力的效果，適合冬初補充水分與對抗乾燥。此蜜富含抗氧化成分，常用於熱飲或傳統甜點中。此外入冬後氣溫開始緩步下降，可酌量加入例如蔥、薑、蒜、辣椒、胡椒、咖哩等辛香料，提振體內陽氣，並適量攝取蓮藕、白蘿蔔、芹菜等溫補、入腎的食物。

白蘿蔔清熱化痰，幫助人體排毒，中醫素有「冬吃蘿蔔」的養生說法。而蓮藕膳食纖維豐富與維生素C含量高，更能潤肺止咳、促進消化。芹菜則是含有微量元素鉀與纖維質，具有降血壓與調節身體水分代謝的功能。

菜餚名稱

1. 咸豐草柑橘酵素
2. 咸豐草蜜薑蓮藕飲
3. 咸豐草蜜芹菜綠拿鐵
4. 咸豐草蜜白蘿蔔涼拌
5. 蜂蜜薑燒鴨胸佐芥藍
6. 蜂蜜柑橘磅蛋糕
   （Honey-Citrus PoundCake）

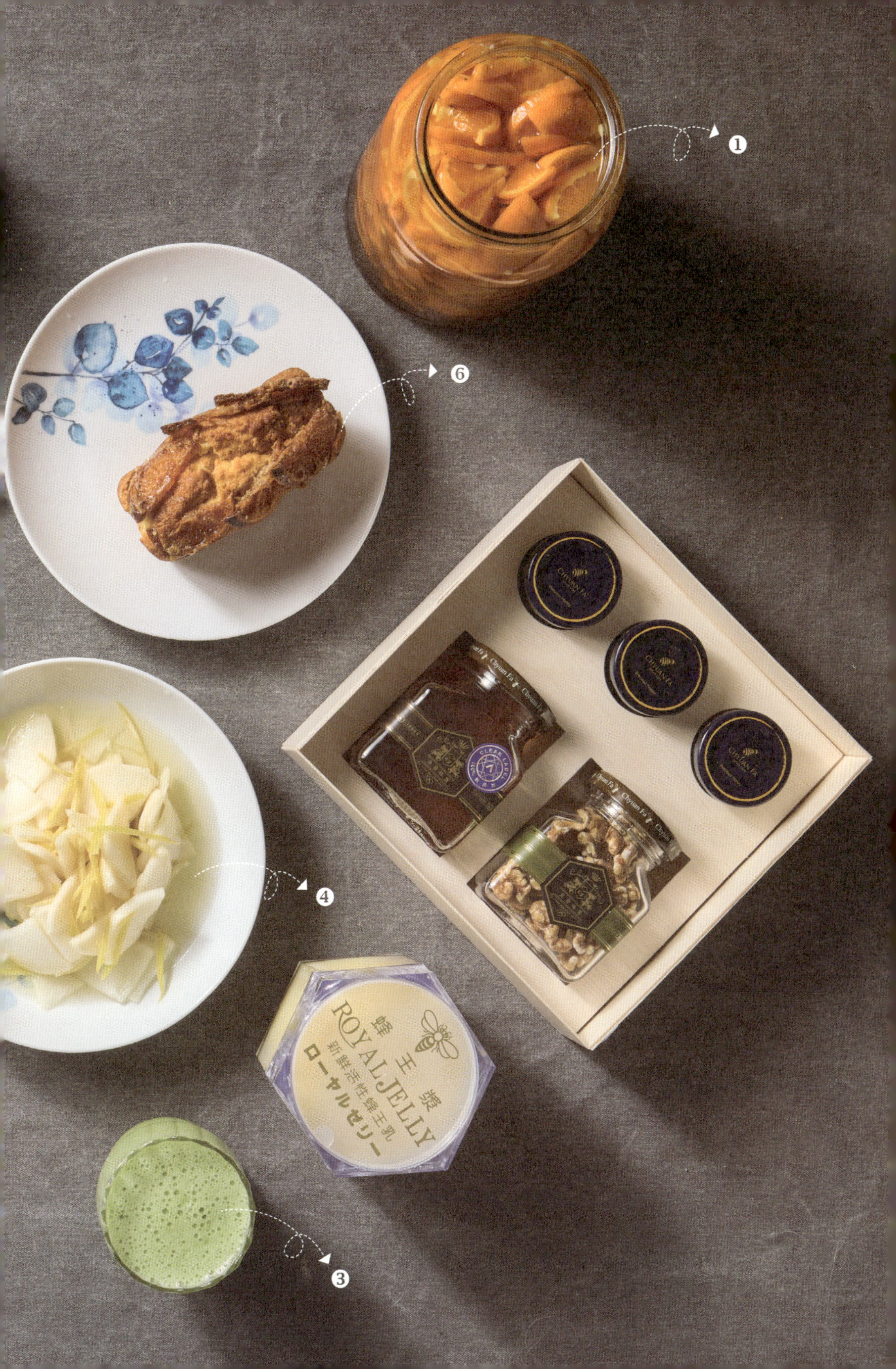
❶
❻
❹
蜂王漿
ROYAL JELLY
新鮮活性蜂王乳
ローヤルゼリー
❸

1	咸豐草柑橘酵素	柑橘加咸豐草蜜分層裝罐發酵，濃郁草本香氣。
2	咸豐草蜜薑蓮藕飲	薑片與蓮藕片浸泡溫水，加入水果醋、酸梅醬、咸豐草蜜、蜂王乳、花粉調味。
3	咸豐草蜜芹菜綠拿鐵	芹菜與香蕉、優酪乳、咸豐草蜜、蜂王乳、花粉打勻，營養豐富。
4	咸豐草蜜白蘿蔔涼拌	白蘿蔔絲拌鹽、蘋果醋與咸豐草蜜，清脆解膩。

5 蜂蜜薑燒鴨胸佐芥藍

鴨肉富含蛋白質與鐵質，能補氣養血、提高抵抗力，適合冬天食用。芥藍則是冬季當季蔬菜，含有豐富的維生素C，有助於增強免疫力。蜂蜜搭配薑燒醬，能讓鴨肉更軟嫩，減少寒性，提升風味層次。至於油封鴨腿（Confitde Canard）則是一道經典的法式料理，做法雖耗時，但步驟其實一點也不複雜，成品香嫩多汁、風味濃郁。

食材（2～4人份）

鴨腿4隻（約800～1,000g，帶皮）
粗海鹽30g（約2大匙）
黑胡椒粒1小匙（輕壓碎）
蒜頭4～6瓣（去皮，輕拍壓扁）
百里香4～6枝（新鮮最佳，乾燥的用2小匙）
月桂葉2片
鴨油或橄欖油約500～700g
（足夠淹沒鴨腿，鴨油更正宗，橄欖油較經濟）
迷迭香1～2枝（增添風味）

工具

密封袋（醃製用）
深烤盤或厚底鍋（適合慢煮）
烤箱

製作步驟

1. 醃製鴨腿（提前 12～24 小時）：
   - 清理鴨腿：檢查鴨腿是否有殘餘羽毛，用鑷子拔除，然後用廚房紙巾擦乾表面。
   - 調味：將粗海鹽、壓碎的黑胡椒粒均勻塗抹在鴨腿兩面，特別是皮的部分。放入蒜瓣、百里香枝、月桂葉（和迷迭香，如果使用），輕輕按壓，讓香料貼附。
   - 冷藏醃製：將鴨腿放入大碗或密封袋，蓋好或封緊，放進冰箱冷藏 12～24 小時。這個步驟能抽出水分並讓鴨肉入味。

2. 清洗與準備：
   - 去除鹽分：醃製完成後，從冰箱取出鴨腿，用冷水輕輕沖洗掉表面的鹽和香料（不需要洗太乾淨，保留一點風味即可）。
   - 擦乾：用廚房紙巾徹底擦乾鴨腿表面，水分越少越好，避免油炸濺。

3-1. 油封慢煮：
   - 預熱烤箱（如果你用烤箱法）：溫度設定在攝氏 120～130°C。
   - 放入鴨腿：將鴨腿整齊放入蜜封盒（最好能單層排列），加入蒜瓣、百里香、月桂葉等醃料。
   - 倒入油脂：倒入鴨油（或橄欖油），油量需完全淹沒鴨腿。如果鴨油不夠，可以混用無味的植物油（如葡萄籽油）慢煮。

3-2. 烤箱法：將烤盤放入預熱好的烤箱，慢烤 3～4 小時，直到鴨肉變得非常軟嫩（用叉子輕插能輕易穿透）。

3-3. 爐火法：
   - 用最小火加熱鍋子，保持油溫在攝氏 85～95°C（微冒小氣泡但不沸騰），煮 3～4 小時。
   - 鴨腿煮好後，肉應該呈現深棕色，皮下脂肪融化，肉質嫩到幾乎脫骨。

Tips

- 鴨油是傳統做法，能提升風味，但價格較高；橄欖油或混合油也可以，風味略不同。
- 油封的關鍵是「低溫慢煮」，溫度過高會讓肉質變乾。
- 煮完的鴨油可以過濾後重複使用，例如煎菜或做其他料理。

6 蜂蜜柑橘磅蛋糕（Honey-Citrus PoundCake）

這款蜂蜜柑橘磅蛋糕，將蜂蜜的溫潤甜味與柑橘的清新酸香完美結合，口感濕潤細緻，柑橘皮與果汁帶來獨特的柑橘香氣，使蛋糕甜而不膩，適合早餐、下午茶或節慶聚會。

食材（6吋磅蛋糕模，約4～6人份）

1. 磅蛋糕體：
低筋麵粉 150g
無鋁泡打粉 5g
無鹽奶油 100g（室溫軟化）
蜂蜜 60g；糖 40g
（可依口味調整）
雞蛋 2 顆（室溫）
柑橘皮屑 1 顆
（橙子、檸檬、柚子皆可）
柑橘汁 60ml（約 1 顆中型柑橘）
牛奶 30ml
香草精 1／2 匙（可省略）

2. 蜂蜜柑橘糖漿（淋面）：
柑橘汁 30ml（約 1／2 顆柑橘）
蜂蜜 20g
水 15ml

3. 柑橘糖漬片（裝飾，可選）：
柑橘 1 顆（切薄片）
糖 50g
水 100ml

製作步驟

1. 準備工作：
- 烤箱預熱至攝氏 170℃，磅蛋糕模內部鋪上烘焙紙。
- 奶油提前室溫軟化，確保攪拌時順滑。
- 柑橘皮屑現刨現用，避免變苦。

2. 製作蛋糕麵糊：
- 打發奶油與糖類：用打蛋器將無鹽奶油、糖打發至顏色變淺、體積膨鬆（約 3～4 分鐘）。再加入蜂蜜，繼續攪拌 1 分鐘，讓甜味更均勻分布。
- 分次加入雞蛋：一次加入一顆雞蛋，攪拌均勻後再加第二顆，確保完全融合。
- 加入柑橘汁與香草精：倒入柑橘汁、柑橘皮屑、香草精，攪拌至均勻。
- 加入粉類與牛奶：低筋麵粉與泡打粉過篩，分 2～3 次加入麵糊中。
- 與牛奶交替加入，輕柔攪拌至無乾粉即可，不要過度攪拌，以免影響蓬鬆口感。

3. 烘烤蛋糕：
   - 倒入蛋糕模：倒入麵糊後，輕敲蛋糕模 2～3 下，釋放過多氣泡，使蛋糕組織均勻。
   - 烘烤：放入預熱至攝氏 170°C 的烤箱，烘烤 40～45 分鐘，至表面金黃，竹籤插入不沾黏即可。若表面過早上色，可在最後 15 分鐘蓋上鋁箔紙，避免烤焦。

4. 製作蜂蜜柑橘糖漿（淋面）：
   - 小鍋加熱蜂蜜與柑橘汁，加入水，小火煮至微濃稠（約 2～3 分鐘）。
   - 關火，放涼備用。

5. 製作柑橘糖漬片（裝飾，可選）：
   - 製作糖水：小鍋中加熱糖與水，煮至糖完.全溶解。
   - 煮柑橘片：放入薄切的柑橘片，中小火慢煮 10～15 分鐘，至果皮變透明。
   - 放涼備用：將糖漬柑橘片撈出，鋪在烘焙紙上晾乾。

6. 上色與裝飾：
   - 蛋糕出爐，放涼 10 分鐘，再從蛋糕模取出。
   - 趁蛋糕微溫時，均勻刷上蜂蜜柑橘糖漿，讓蛋糕吸。
   - 擺上糖漬柑橘片（可選），或灑上少許糖粉增添美感。

Tips

如何讓磅蛋糕的質地與口感，更加濕潤？

- 蜂蜜具備天然的保濕性，能讓蛋糕的質地更加濕潤柔軟。
- 烘烤時可加蓋一層鋁箔紙，避免蛋糕表層過乾。
- 出爐後請趁熱刷上蜂蜜柑橘糖漿，增添水分與風味。

冬末

鴨掌木蜜

在台灣森林中，鴨掌木迎冬綻放，釀出珍稀鴨掌木蜜，榮膺「冬蜜之王」。其抗菌力超越麥盧卡蜂蜜，透過抑菌試驗，確定對大腸桿菌形成顯著無菌圈，展現強效天然抗菌力，尤其適合治療感冒與感染性疾病。這道蜜品營養豐富，內服增強免疫，外用則可消炎癒傷，滋養肌膚，溫潤身心。

鴨掌木為低海拔常見樹種，昔為木屐原料，亦可入藥。冬季蜜源稀缺，鴨掌木花期常受寒流影響，蜜蜂採集不易，甚至可能因此凍僵，故而產量極少，彌足珍貴。傳說西方修道院隱士以它抵禦寒冬，活力煥發。冬季每日來上一杯鴨掌木蜜水，可溫暖身心，有效預防感冒，守護健康。

菜餚名稱

❶ 鴨掌木奇異果酵素
❷ 鴨掌木蜜紅棗枸杞飲
❸ 鴨掌木山藥香蕉生菜綠拿鐵
❹ 鴨掌木蜜涼拌大白菜
❺ 蜂蜜紅酒燉牛肉
❻ 蜂蜜奇異果全麥鬆餅
　（Honey-Kiwi WholeWheat Pancakes）

Chapter 4 蜂蜜入菜,四季當季料理

119

1	鴨掌木奇異果酵素	奇異果洗乾淨切片加鴨掌木蜜，發酵一個月。
2	鴨掌木蜜紅棗枸杞飲	山藥泥與紅棗片泡溫水，加入鴨掌木蜜、蜂王乳攪拌。
3	鴨掌木山藥香蕉生菜綠拿鐵	山藥與香蕉、生菜、燕麥奶、鴨掌木蜜、花粉、蜂王乳打成濃郁補充能量飲品。
4	鴨掌木蜜涼拌大白菜	大白菜與蘋果切絲，拌鴨掌木蜜與檸檬汁，鹽、胡椒調味，酸甜開胃。

花花百寶箱

瑞康屋──抗菌便當盒

涼拌菜的保存很重要，一不小心要是沾染細菌會容易腐敗，特別是大白菜這類很容易出水的食材！我強烈推薦瑞康屋的抗菌便當盒，收藏這類涼拌菜不會孳生細菌，更有效也更長時間的維持新鮮！

5 蜂蜜紅酒燉牛肉

冬天需要補充熱量與溫熱食材，藉以增強體力和抵抗寒冷。牛肉富含蛋白質與鐵質，能補氣養血、增強體力，紅酒中的多酚則有助於促進血液循環，適合寒冷天氣食用。加入蜂蜜更能平衡紅酒的酸味，使醬汁口感更圓潤滑順，同時也能軟化牛肉纖維軟，使燉煮後牛肉口感更加細膩。

食材（2～3人份）

牛腱 500g（切塊）
紅酒 300ml
（建議使用較濃郁的紅酒）
雞高湯 500ml
胡蘿蔔 1 根（切塊）
洋蔥 1 顆（切絲）
蒜頭 3 瓣（切碎）
月桂葉 1 片
迷迭香 1 小枝（可省略）
鹽 1/2 匙
黑胡椒 1/2 匙
橄欖油 2 匙

蜂蜜調味

蜂蜜 2 匙
番茄糊 1 匙（增添酸甜感）

製作步驟

1. 牛肉汆燙去血水：牛肉切塊冷水入鍋，煮滾後撈起，沖洗去血水，瀝乾備用。

2. 炒香配料：熱鍋後加 1 匙橄欖油，炒香洋蔥與蒜末，加入胡蘿蔔拌炒 2 分鐘、聖啓備用。

3. 煎牛肉：壓力鍋加 1 匙橄欖油，將牛肉塊煎至表面焦香。

4. 紅酒燉煮：
   - 加入紅酒，轉中火煮至酒精揮發（約 5 分鐘）。
   - 接著加入番茄糊、月桂葉與迷迭香，放入壓力鍋上壓後燉煮 20 分鐘，讓牛肉軟化入味。（若使用一般鍋子或鑄鐵鍋請增加 500ml 高湯，小火燉煮 2 小時）

5. 加入蜂蜜調味：完成後，加入蜂蜜調味，再繼續燉煮 5～10 分鐘，讓醬汁濃縮，牛肉軟爛。

6. 組合與擺盤：取出月桂葉與迷迭香，將燉好的牛肉與醬汁盛盤，即可享用。

Tips

- 紅酒須充分揮發酒精，可先燒煮 5 分鐘，避免燉煮後帶有苦澀味。
- 蜂蜜應晚點加入，才能保持香甜風味，並使醬汁更有光澤感。
- 牛肉燉煮時間足夠，口感才會軟爛，約 2 小時為最佳時間。

6 蜂蜜奇異果全麥鬆餅
（Honey-Kiwi WholeWheat Pancakes）

這款蜂蜜奇異果全麥鬆餅，使用全麥麵粉提升營養價值，搭配蜂蜜的自然甜味與奇異果的酸甜清香，口感鬆軟濕潤，富含膳食纖維與維生素 C，適合作為健康早餐或下午茶點心！

食材（約 6 片鬆餅）

1. 全麥鬆餅麵糊：
全麥麵粉 120g
（可用 1：1 替換部分低筋麵粉）
泡打粉 5g（約 1 小匙）
雞蛋 1 顆（室溫）
蜂蜜 40g（可依口味調整）
牛奶 150ml
（可換成植物奶，如燕麥奶）
無鹽奶油 20g（融化）
香草精 1／2 小匙（可省略）
鹽 1／4 小匙

2. 奇異果蜂蜜醬（配料）：
奇異果 2 顆
（1 顆切小塊入醬，1 顆切片裝飾）
蜂蜜 30g
檸檬汁 1 小匙（增添清爽風味）

3. 其他搭配（可選）：
希臘優格 50g（增添奶香）
杏仁片或核桃碎 10g（增加口感）

製作步驟

1. 製作奇異果蜂蜜醬：
   - 奇異果去皮切塊，取 1 顆用叉子搗成泥狀。
   - 加入蜂蜜與檸檬汁，攪拌均勻，放置 10 分鐘，使風味融合。

2. 製作全麥鬆餅麵糊：
   - 混合乾性材料：全麥麵粉、泡打粉、鹽過篩混合，確保均勻。
   - 混合濕性材料：另一碗中，將雞蛋、牛奶、蜂蜜、融化奶油、香草精攪拌均勻。
   - 組合麵糊：將濕性材料倒入乾性材料中，用刮刀輕柔攪拌至無乾粉狀態，不要過度攪拌，以免影響鬆軟口感。
   - 靜置 5 分鐘，讓麵糊充分吸收水分，提高膨鬆度。

3. 煎鬆餅：
   - 預熱平底鍋，用廚房紙巾沾少許油擦拭鍋面。

- 倒入 1／4 杯（約 60ml）麵糊，以中小火煎 2～3 分鐘，待表面出現小氣泡即可翻面。
- 翻面再煎 1～2 分鐘，至表面金黃，即可取出。
- 重複步驟，將剩餘麵糊煎成 6 片鬆餅。

4. 擺盤與裝飾：
   - 將鬆餅疊起，均勻淋上奇異果蜂蜜醬。
   - 擺上奇異果片，增添視覺美感與水果風味。
   - 可搭配希臘優格與堅果，提升蛋白質與口感層次。
   - 最後淋上額外的蜂蜜，增添光澤與甜味，即可享用！

Tips

- 泡打粉確保新鮮，並在靜置 5 分鐘後再煎，讓麵糊更膨鬆。
- 不要過度攪拌麵糊，保持適當氣孔，確保口感鬆軟。
- 煎鬆餅時等表面氣泡浮現再翻面，避免過早翻動影響膨脹效果。
- 蜂蜜奇異果醬先靜置 10 分鐘，讓蜂蜜吸收果酸，增添風味層次。
- 可將部分奇異果醬加熱 1 分鐘，濃縮果香，使蜂蜜醬均勻包覆鬆餅。

金鑽賦活油
熟齡肌的青春泉

一滴修護，肌膚重現緊緻光采

從古老的美容儀式，到現代的極致修護。在東方，慈禧以黃金如意棒按摩臉部，維持肌膚細緻紅潤；在西方，奈菲爾塔莉皇后佩戴金面具入眠，只為鎖住青春的光澤。靈感來自這些傳說，泉發研發出這款**金鑽賦活油**，揉合珍稀蜂王乳與24K金箔，喚醒肌膚的自然力量。

每一滴，濃縮三倍蜂王乳修護能量，搭配山茶花、玫瑰果與珍稀植萃油，為肌膚築起保濕鎖水網，層層滲透、深度修護，讓乾燥與細紋逐漸撫平。

這是一瓶為熟齡肌設計的重啟之油，讓你在晨光與夜晚之間，重拾澎潤光澤，活出由內而外的健康自信。

◆ 主要功效

- **熟齡肌救援**｜蜂王乳3倍濃縮，有效延緩肌膚老化
- **深層修護**｜夜間修復、強化肌膚屏障，提升保水力與彈性
- **促進吸收**｜添加24K金箔，開啟吸收通道，保養加乘

◆ 修護成分亮點

- **蜂王乳活顏精華**｜含蜂蜜素 Apisin
- **山茶花油**｜高含量油酸，快速吸收、柔嫩肌膚
- **SWT-7L**｜細紋、肌膚緊緻有感
- **CERAMELA-HG**｜高效保濕，提升肌膚防禦力
- **玫瑰果油+玫瑰萃取**｜舒緩敏感、撫平乾燥紋理

◆ 使用方法建議

每日保養前，取 2-3 滴於掌心搓熱，按壓全臉至吸收。
搭配熱敷與按摩，可加強修護吸收，恢復肌膚柔嫩光澤。

◆ 推薦族群

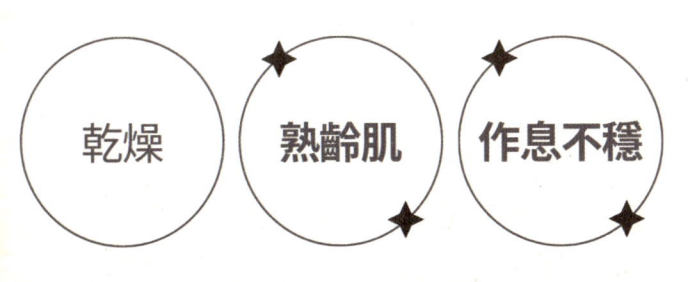

乾燥　　熟齡肌　　作息不穩

@chyuanfahoney

瑞康屋
RAKEN HOUSE

台北市士林區社中街432號
電話 02-2810-8580 / 0800-39-3399

Bamix 瑞士 寶迷料理棒
Made in Switzerland since 1954

KUHN RIKON 瑞士 HOTPAN 休閒鍋
SWISS MADE BY KUHN RIKON

丹麥黑魔法不沾鍋
Ucom / Gastro

KUHN RIKON 瑞士壓力鍋

優生活
蜜秘
從一隻蜜蜂走到一滴蜂蜜的故事

作　　者	葉采糖、曾心怡（花花老師）
封面繪圖	Sally Lin
視覺設計	徐思文
食譜攝影	ann photography
圖片提供	泉發蜂蜜、瑞康屋
主　　編	林憶純
企劃主任	王綾翊

總 編 輯	梁芳春
董 事 長	趙政岷
出 版 者	時報文化出版企業股份有限公司
	108019 台北市和平西路三段 240 號
	發行專線─（02）2306-6842
	讀者服務專線─0800-231-705、（02）2304-7103
	讀者服務傳真─（02）2304-6858
	郵撥─ 19344724 時報文化出版公司
	信箱─ 10899 台北華江橋郵局第 99 號信箱
時報悅讀網	www.readingtimes.com.tw
電子郵箱	yoho@readingtimes.com.tw
法律顧問	理律法律事務所 陳長文律師、李念祖律師
印　　刷	勁達印刷有限公司
初版一刷	2025 年 6 月 27 日
定　　價	新台幣 380 元

版權所有 翻印必究（缺頁或破損的書，請寄回更換）

時報文化出版公司成立於 1975 年，並於 1999 年股票上櫃公開發行，於 2008 年脫離中時集團非屬旺中，以「尊重智慧與創意的文化事業」為信念。

蜜秘：從一隻蜜蜂走到一滴蜂蜜的故事 / 葉采糖、曾心怡（花花老師）作 . -- 初版 . -- 臺北市：時報文化出版企業股份有限公司，2025.06
128 面；17*23 公分 . -- (優生活)
ISBN 978-626-419-429-7 (平裝)
1.CST: 養蜂 2.CST: 蜂蜜
437.83　　　　　　　　　　　　　　114004601

ISBN 978-626-419-429-7
Printed in Taiwan.